Science of Satellite

だれもが抱く素朴な疑問にズバリ答える!

人工衛星の〝なぜ〟を科学する

著 NEC「人工衛星」プロジェクトチーム

アーク出版

「人工衛星」は、私たちの今と未来を〝衛《まも》る星〟——まえがきにかえて

「はやぶさ」や「宇宙ステーション」も人工衛星なんですか?

この本を書き始めたときに、最初に聞かれた質問です。

人工衛星をつくっている当の本人たちは、「人工衛星」と言ったり、「宇宙機」と言ったり、「探査機」と言ったり、いろいろな呼び方をしていますが、この素朴な質問をされて「はて?」と悩んでしまいました。

『人工衛星の〝なぜ〟を科学する』という本ですから、扱う対象は「人工衛星」です。「はやぶさ」や「宇宙ステーション」の話も、もちろん入れるつもりでした。でも、そんな質問をされると……「!?」。

「技術者」というのは、「!?」にこだわる人たちです。一旦こだわってしまうと、とことん考えます。とくに、人工衛星の開発に携わる人たちは「そんな些細な」と思えることでも〝なぜ?〟と感じたことがあると、徹底して追求します。そういう「こだわり」がないと、メンテナンスなしで、厳しい環境の宇宙空間で、5年も10年も働き続ける人工衛星を開発することはできません。

「はやぶさ」も「宇宙ステーション」も「人工衛星」の範疇に含まれる……そう漠然と認識していました。でも、ちょうどよい機会です。まずは、言葉そのものから考えてみましょう。

人工衛星=「人工の衛星」=「人がつくった衛星」です。

では、そもそも「衛星」とは何でしょうか?

『広辞苑』などの辞書には「惑星の周りを回る星」とあります。つまり、地球とか火星の周りを回る人工の星は、人工衛星と呼んで差し支えないわけです。地球を回る「宇宙ステーション」は人工衛星と呼べるということ

です。これで「宇宙ステーション」のほうは解決です。でも「はやぶさ」のほうはどうでしょうか？　小惑星「イトカワ」の周りを回っていたんでしょうか？　またまた悩んでしまいました。

ある日、百科事典や国語辞典などを読んでいたら、ある語源辞典に出くわしました。パラパラっと「衛星」の説明が出ているページを探して読みました。

「衛星＝衛《まも》る星」と書かれていました。

『遠い昔、星と神話が強く結びついていた時代に、主たる星の周りにいて、主星を「衛る（＝守る）」役目をしている星という意味で「衛星」と呼ばれるようになったんだろう』……そう感じました。

たしかに「衛」は、防衛とか自衛とか、何か大切なものを守るという意味で使われる文字です。その辞典の説明には、ほかにも「主星の支配を受けて」とか「影響を受けて」という表現もありましたが、何よりも「衛る星」という表現に心が動きました。

『そうだ、人工衛星は、私たちの今と未来を守ってくれる星なんだ！』

火星や金星、小惑星を探査するのも、地球がどのようにしてできて、どのように変わっていくのかを知ることで、人類の未来を守ろうとしているわけです。

地球観測衛星も、気象衛星も、準天頂衛星も、通信・放送衛星も、空の上から私たちを見守り、安心で安全な社会を実現するための多くの情報を提供してくれています。いざというときの通信手段を提供してくれます。

オリンピックやワールドカップでは、開会式、閉会式などの華やかなイベントが、人工衛星によって世界中に同時中継されます。それを朝方に見る人、昼間に見る人、夜中に見る人など、国や地域によって見る時間はさまざまですが感動はひとつです。同じ感動を同時に共有していることを感じさせてくれます。世界がひとつであることを感じさせてくれます。世界中の人々が助け合い、手を取り合って生きる、より良い世界、そんな平和な世界の大切さをあらためて感じさせてくれます。

　人工衛星は、いろいろなかたちで私たちを守ってくれているんだ……そう考えると、もやもやが晴れました。「宇宙ステーション」も「はやぶさ」も立派に人工衛星です。

　本書では、こうした疑問を皮切りに、「人工衛星はどうやって宇宙空間を飛んでいるのか?」「人工衛星はどれくらいのスピードなのか?」「どのくらいの高さを飛んでいるのか?」「人工衛星の中には何が入っているのか」といった素朴な疑問をとりあげて、多くの図や写真を用いて解説しました。

　一人でも多くの方に、人工衛星はもちろんのこと、宇宙開発とその利用について、興味と関心をもっていただくきっかけになれば、望外の幸せです。

２０１２年１月

NEC「人工衛星」プロジェクトチーム

＊　＊　＊

※本書では、人工的につくられて、人とのコミュニケーションを保ちながら、安全に宇宙空間を飛びまわる星をすべて人工衛星と考え、取り扱っていく。なお、機能を停止したまま軌道上に滞留する人工物は、人工衛星と識別するため、これらをまとめて「宇宙ゴミ(スペースデブリ)」と呼ぶ。

2章◆人工衛星は、どこで、どのように、つくられているの？

3章◆宇宙空間で働く人工衛星の〝仕事〟とは？

4章◆人工衛星の軌道には誰も知らない秘密があった！

5章◆万が一のトラブルにも対処できるのか

6章◆人工衛星はどこまで進化するのか

【コラム】

カバーデザイン／石田嘉弘
カバーイラスト／田中英樹
本文イラスト／つのだ・さとし
編集協力／大塚 実
本文組版／ニシエ芸

序章

日本の科学技術の“粋”を結集した人工衛星

気象衛星、通信衛星、探査機…。人工衛星には、どんな種類があるの？

「ひまわり」「はやぶさ」「かぐや」と呼ばれたり、「気象衛星」「通信衛星」「探査機」「HTV」と呼ばれたりする人工衛星。もちろん、それぞれに固有のミッション（役割・使命）があるわけだが、どれくらいの種類があり、どんな特徴があるのだろうか。

「ミッション」も「名称」もじつにさまざまな人工衛星

人工衛星といっても、その呼び方や役割はさまざまだ。

次ページに「宇宙に打ち上げられる人工物」というタイトルでロケットと人工衛星の分類の一例を図で示した。

ロケットのなかには、スペースシャトルのように、ロケットとしての機能と、人工衛星としての機能を兼ね備えるものもあるので、ロケットも含めて分類している。

人工衛星の分類方法も、さまざまだが、ここでは軌道高度で分類した。

そのほかに、実験衛星、技術試験衛星、科学衛星、軍事衛星、実用衛星、商用衛星などのように、用途に応じた分類もある。

さらに、通信衛星、放送衛星、気象衛星、地球観測衛星、資源探査衛星、測位衛星といったような、その機能に応じた分類もある。

大きさを基準に、大型衛星、中型衛星、小型衛星、超小型衛星と呼ぶこともある。大学の研究室等で製作される掌《てのひら》サイズの人工衛星をマイクロサットとかナノサットと呼ぶこともあるが「サット」というのは「衛星」という意味の英語「サテライト（Satellite）」からきている。

高さを求めて人工衛星は打ち上げられている

そもそも、なぜ、わざわざ人工衛星を打ち上げるのか？

その答えは、宇宙空間でしか得られないものがあり、それらが私たちの生活に非常に有益となるからだ。

そのひとつが「高さ」である。

人々は古来より、命の安全をはか

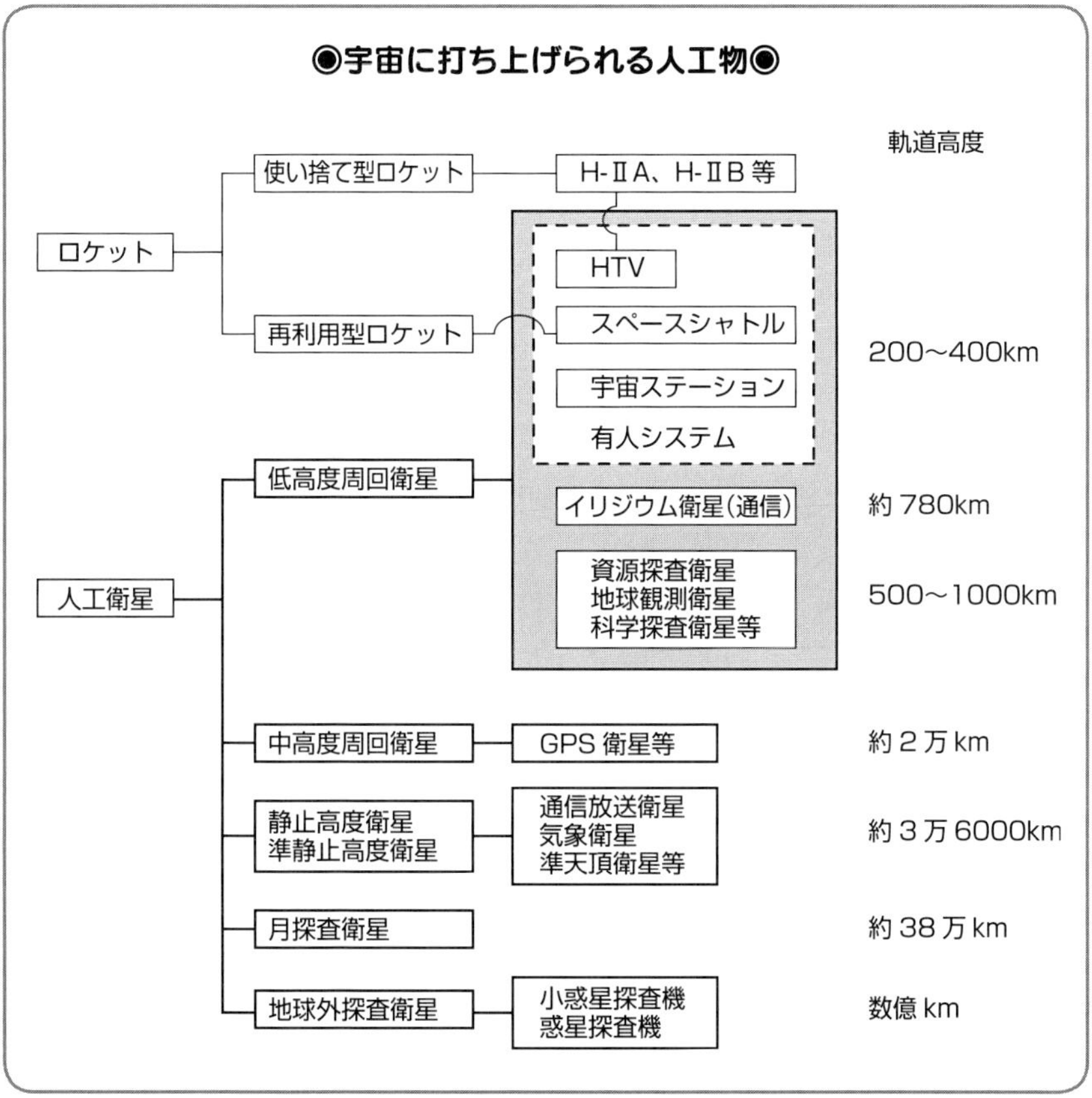

るために「高さ」を利用してきた。

たとえば、ねずみなどから食物を守る高倉がある。物見やぐらは、火事や外部からの侵入者の早期発見に役立つ。山の尾根や頂《いただき》に見張りを立てて、異常があれば、烽火《ほうか》を上げ、旗を立てて緊急を報せる。

監視・観測と通信手段の確保は、人々の安心・安全の確保にとって、なくてはならないものだったが、それを一層、確実かつ迅速にするために、より高いところから見るようにした。

台風を早期発見するための富士山レーダー（死者5000人規模の被害を出した伊勢湾台風をきっかけに建設され、1964年から1999年まで活躍）や、東京スカイツリーに代表される電波塔も、そうした目的をもっている。

そして、さらに高いところを目指

して人工衛星が開発されたのである。13ページの図や次ページの図で人工衛星を「高さ（地球からの距離）」で分類したのは、そうした理由による。

意外!? スペースシャトルも「人工衛星」のひとつだった

ロケット系の分類名称もまた、さまざまである。

13ページの図では使い捨て型と再利用型に分類したが、宇宙飛行士が乗るかどうかで、有人ロケット、無人ロケットという分類もある。

また、方式の違いにより、液体燃料ロケット、固体燃料ロケットとか、単段式、二段式、三段式……多段式という呼び方もある。

スペースシャトル（1981年に初飛行、2011年に運用終了）のように、翼を備えていて、地球帰還時にグライダーのように滑空飛行をするものを「宇宙往還機」と呼ぶこともある。

H－ⅡAなどのロケットとHTV（宇宙ステーション補給機）は、合わせて「宇宙輸送システム」とも呼ばれている。

スペースシャトルやHTVはロケット系に分類されているが、打ち上げられた後は、地球を周回し、自力で宇宙ステーションとランデブーする機能を有しており、人工衛星でもある。

HTVも有人宇宙船である宇宙ステーションに結合した後は、その中に宇宙飛行士が入って作業することも可能で、有人安全に必要な諸条件を満足するシステムになっており、有人システムでもある。

「有人宇宙船」と表現したが、この「宇宙船」という言葉もよく使われる。空を飛ぶのを「飛行船」と呼ぶのに似ている。

人工衛星でも、進行方向をロール、地球方向をヨー、ロールとヨーに直角な方向（船なら横水平方向）をピッチと呼ぶこともある。飛行機も同じ呼び方をするが、元々は船の言葉である。

ほとんどの人工衛星は地球のすぐ近くを飛んでいる

次ページの図を見てほしい。地球と人工衛星の位置（軌道高度）を示している。

じつは、ほとんどの人工衛星とデブリは、拡大した図の「地球観測衛星軌道」のあたりより低いところを飛んでいる。もっと遠いところを飛んでいるように思うかもしれないが、意外と地球の表面から近いところを飛んでいるのである。

◉高度による人工衛星の分類◉

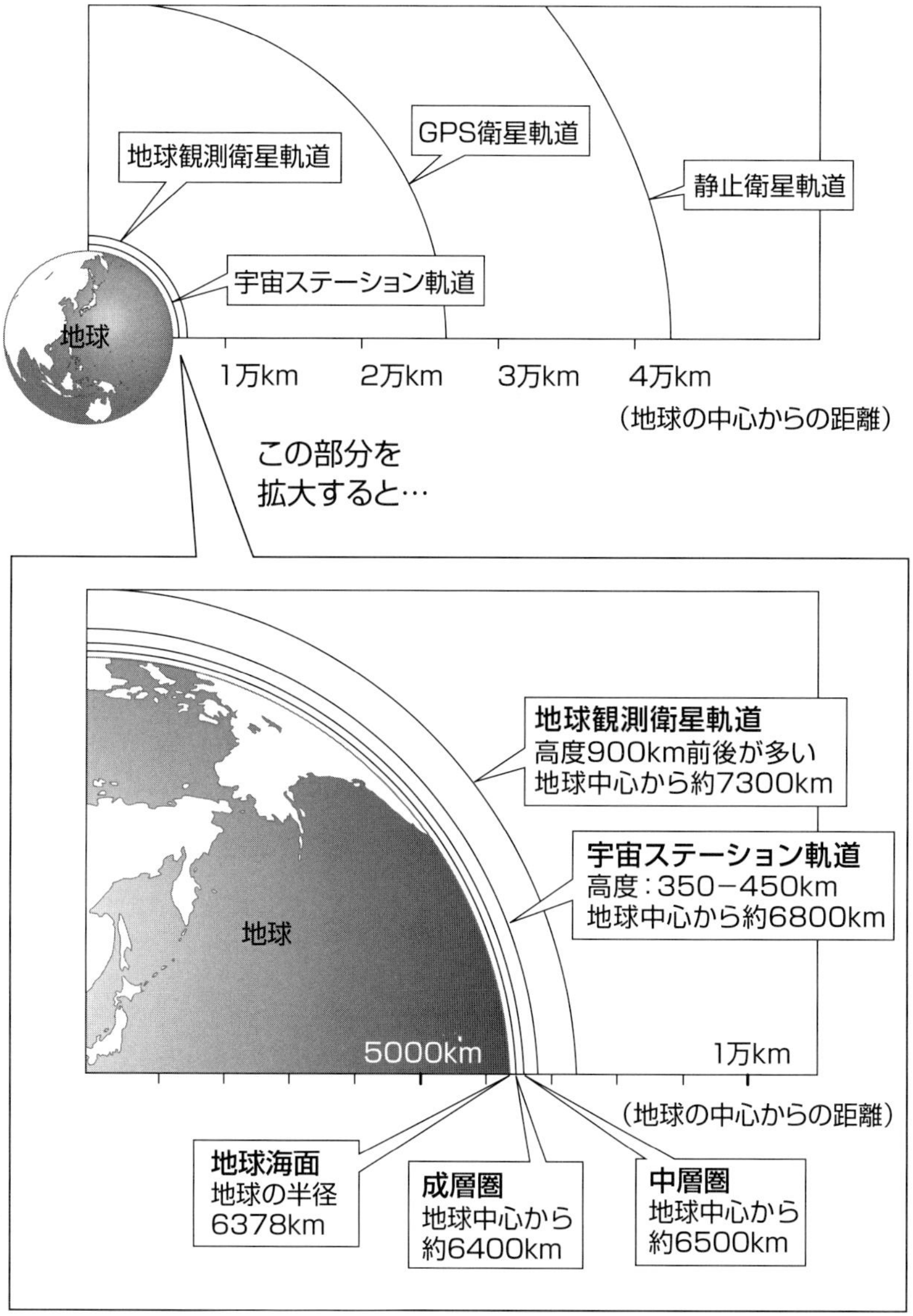

人工衛星は東日本大震災後、どんな社会貢献をみせたのか

2011年3月11日、東日本大震災が起きた。地震と津波により、電気・ガス・水道、電話・通信、道路・鉄道といった地上のライフラインは壊滅的なダメージを受けた。その状況のなかで独自のはたらきをみせたのが人工衛星だ。情報収集や通信の分野で、どんな貢献をしたのだろうか。

宇宙からの〝目〟だからこそ地上の状況を把握できる

人工衛星の特徴は、当たり前だが「宇宙にいること」である。人工衛星が「宇宙にいてくれること」で、地上では、さまざまなメリットが生まれる。

地面よりもビルの屋上、それよりも山の上といった具合に、高い場所に行けば行くほど、遠くまで見渡せる。人工衛星のように高度数百㎞にもなると、一望できる範囲はさらに広がる。

地震や洪水、あるいは森林火災などの自然災害は、被害が広範囲に及ぶため、全体を見渡せる人工衛星が役に立つ。

災害監視を目的のひとつとした人工衛星に、日本の陸域観測技術衛星「だいち」がある。

「だいち」は地球を南北に周回する高度690㎞の極軌道を回り、幅70㎞の帯状の範囲で地上の様子を観測することが可能だった。

東日本大震災後には、津波の被害状況など400枚にも及ぶ写真を撮影した。

地上の通信網は、大規模な災害時にはケーブルが切断されたり、停電等により、被災地との通信ができなくなる場合がある。

しかし、そのようなときでも役に立つのが通信衛星だ。

地上の通信端末と人工衛星との間で直接通信できるので、地上の通信網が使えないときでも、外部との情報交換ができる。

東日本大震災では、拠点間の通信に超高速インターネット衛星「きずな」と技術試験衛星「きく8号」という2機の静止衛星が活躍した。

◉「極軌道」と「静止軌道」が人工衛星の代表的な軌道◉

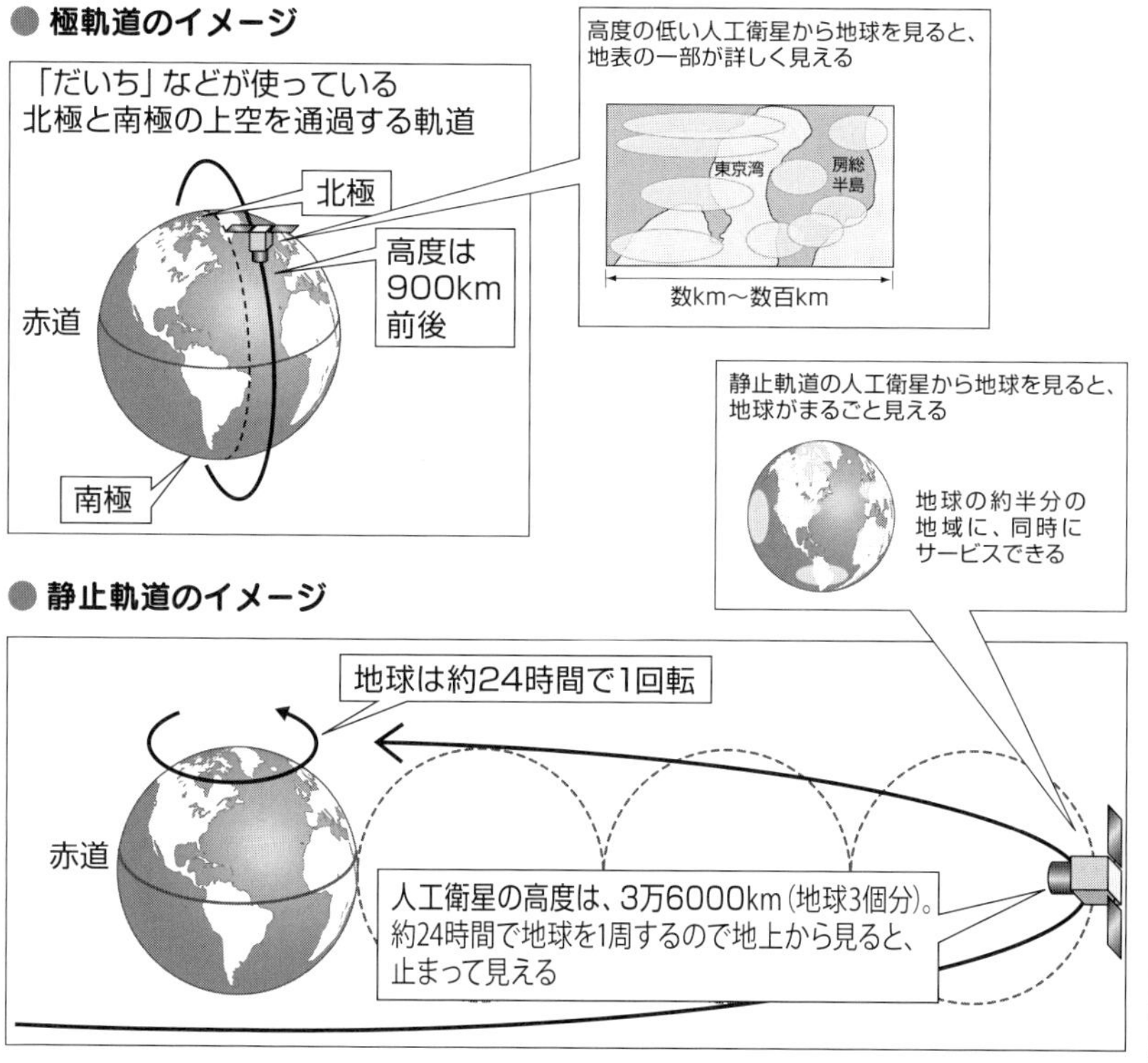

地面に書かれた「SOS」の文字は人工衛星が発見した

震災翌日の3月12日より「だいち」による被災状況の観測が、スタートした。

この日の午前、下北半島から関東に至るまでの内陸部の広域画像を取得。14日には、沿岸部の広域観測にも成功している。

取得したデータは政府に提供され、各省庁や各県の対策本部などで活用。津波による浸水状況の把握や、地殻変動の解析などにも利用されたのである。

人工衛星は、好きなときに好きな場所を撮影できるわけではない。

しかし、撮影できない時間帯を補える仕組みとして、各国の観測衛星が撮影したデータを融通しあう「センチネルアジア」や「国際災害チャーター」といった国際協力の枠組みがある。

東日本大震災における観測には、米国、カナダ、欧州宇宙機関、ドイツ、フランス、イタリア、スペイン、ロシア、韓国、中国、インド、タイ、台湾、UAE（アラブ首長国連邦）の地球観測衛星が協力。公園に書かれたSOSメッセージを確認し、県に情報提供したこともある。

「だいち」は2006年1月24日に打ち上げられ、設計寿命の3年を越え、さらにプラスアルファのミッションとなった目標寿命5年も越えていた。人間でいえば、さしづめ「100歳を越えて頑張っていた」というところだ。

東日本大震災で活躍した「だいち」だが、4月22日に電源が停止。再起動は不可能と判断され、5月12日に運用を終了した。

2011年12月現在、軌道上に、同様な性能をもつ日本の人工衛星（後継機）はなく、観測体制の整備が急がれる。

衛星通信回線が開通して インターネットが利用可能に

岩手県災害対策本部より3月16日に要請があり、JAXAは翌17日に通信機材と技術者を現地に派遣、20日から「きずな」による衛星通信回線の提供が開始された。

アンテナは県災害対策本部（盛岡市）と現地対策本部（釜石市）に設置され、テレビ会議による情報共有のほか、被災者のインターネット利用にも活用された。

24日には大船渡市の現地対策本部にもアンテナが設置され、3地点間の通信が可能になった。

また3月21日には大船渡市から要請があり、「きく8号」用の通信機材と技術者を派遣、24日より通信回線の提供を開始。これにより、現地対策本部でのインターネットの利用が可能となり、職員の情報収集に役立っている。

4月4日からは岩手県大槌町、26日からは宮城県女川町において衛星通信回線の提供を開始。ノートPCが設置され、被災者がインターネットを利用できる環境が整えられた。

「きく8号」は2006年12月18日に、「きずな」は2008年2月23日に、それぞれ打ち上げられた通信技術の試験衛星。

「きく8号」はテニスコートほどの大型展開アンテナを装備することで、地上の通信端末の小型化を狙ったものだ。携帯電話を少し大きくしたようなサイズの端末を使って、人工衛星との直接通信にも成功した。

● 陸域観測技術衛星「だいち」から撮影した画像

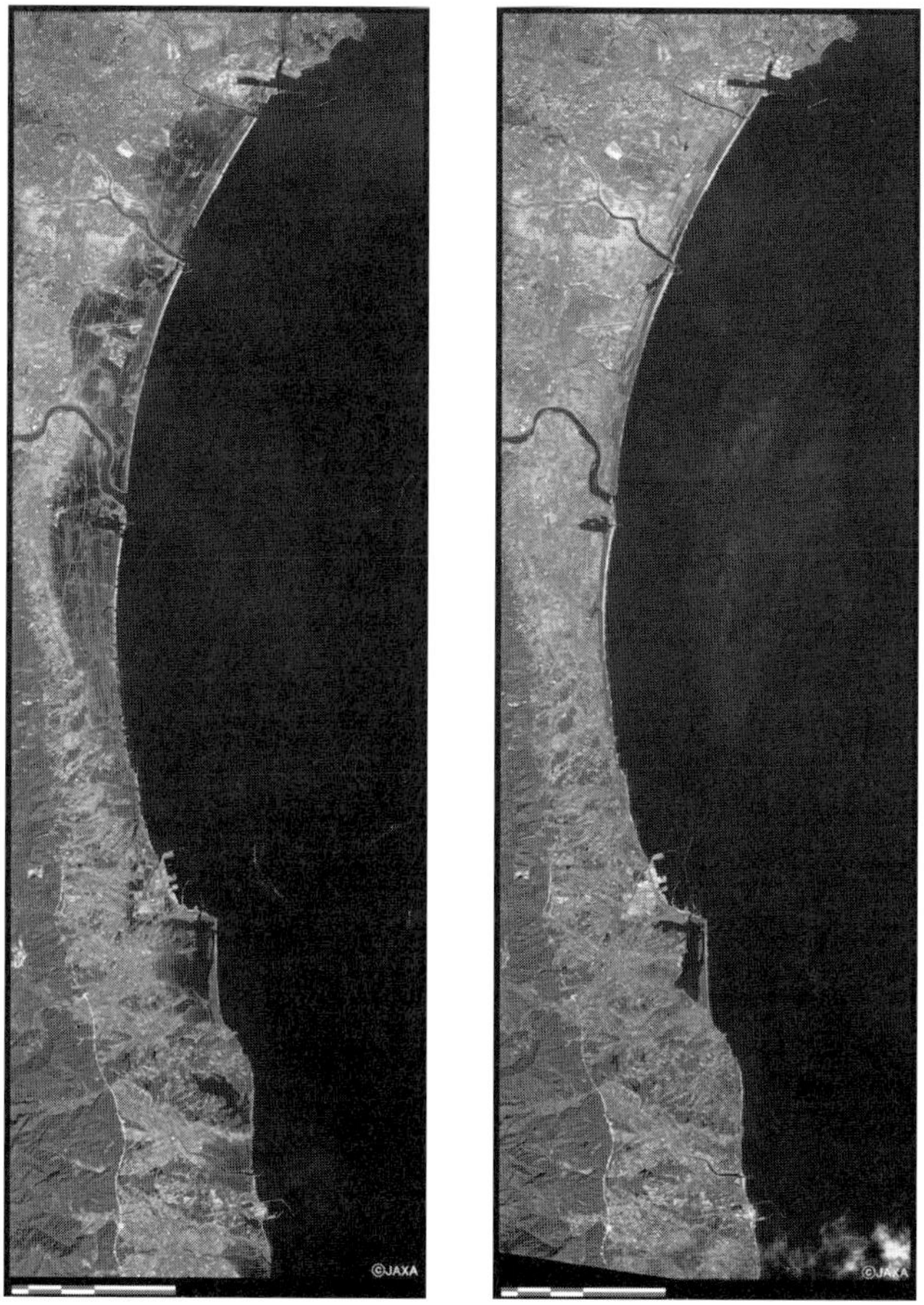

右の写真は2011年2月27日に、左の写真は2011年3月14日に、それぞれ撮影されたもの。黒くなっているのが浸水したところで、衛星画像により、広範囲の被害状況がわかる／©ＪＡＸＡ

一方、「きずな」は最大1・2Gbps（DVD1枚分のデータを30秒ほどで送信できる速度）という高速インターネット通信を目指したもので、離島や山間部などにもブロードバンド環境を提供できる。

両衛星とも技術試験衛星であったために、要請があってからの出動となったが、いずれはこういった通信衛星を本格運用するようになり、各自治体に通信端末が常備されるような体制が望まれるだろう。

なぜ人工衛星の存在が「社会インフラのひとつ」といわれるのか

人工衛星は遥か上空を飛んでいるので、ふだんの生活で目にすることはないだろう。だが、じつは私たちの暮らしと密接に関わっている。電気、ガス、水道、道路、鉄道などと同様に、安心、安全で快適な暮らしを支える社会インフラのひとつなのだ。

天気予報でおなじみの「ひまわり」現在は7代目が活躍中

多くの人が「人工衛星」と聞けば、気象衛星「ひまわり」を連想することだろう。

初代「ひまわり」が運用を開始したのは1977年。以来、テレビの天気予報のコーナーで「ひまわりからの画像」はおなじみとなった。

気象衛星（GMS）は静止軌道上から雲の様子を観測、そのデータが日々の天気予報に活用されている。

また、日本では台風による甚大な被害が繰り返されてきたが、宇宙から広範囲の撮影が可能な気象衛星の登場によって、台風を赤道付近の発生直後から監視できるようになり、進路の予測にも貢献。防災にも大いに役立っている。

現在、静止軌道上で運用されているのは「ひまわり7号」（2006年打上げ）で、バックアップとして「ひまわり6号」（2005年打上げ）も軌道上で待機している。

「ひまわり」は静止衛星なので、24時間、常に観測できるだけではなく、広範囲（地球のほぼ半分）を観測できるというメリットもある。

その観測データは、日本のみならず、アジア・オセアニアにも提供されている。

世界気象観測網のなかで重要な役割を果たす人工衛星でもある。

衛星放送だけでなく情報通信にも貢献している

一般の人が「人工衛星を利用している」と実感するのは、やはり衛星放送を見るときだろう。

衛星放送を利用していなくても、マンションのベランダに設置された中華鍋のような形の衛星放送用アンテナを見たことがあるはずだ。
放送衛星（BS）は静止軌道上の東経110度にいる。

現在は株式会社放送衛星システム（B－SAT）が3機の放送衛星を運用して、NHKや民間の放送各社にサービスを提供している。

● 気象衛星「ひまわり」からの画像

2010年10月27日に撮影されたもの。台風の目がくっきり見える／写真提供：気象庁

CSデジタル放送には通信衛星（CS）が使われている。

CSデジタル放送の「スカパー!」を提供しているスカパーJSAT株式会社は、静止軌道上に地球全域をカバーできる15機の通信衛星を保有している。

「スカパー!」は東経125度付近（沖縄から九州付近の経度）の通信衛星から放送電波を出している。

BSとCSとのハイブリッド衛星もある。BS中継器とCS中継器を併載している人工衛星である。

CSで利用されている通信衛星には、その名のとおり、通信サービスがある。

たとえば、スカパーJSATでは、通信衛星の広域性を活かした海洋ブロードバンドサービスも提供し、それによって、船上のインターネット利用を実現している。

じつは、世界で初めて衛星から直接家庭へ電波を送る衛星放送サービスを始めたのは日本（NHKが1984年に開始）。

その歴史的な功績が認められ、2011年にIEEE（米国電気電子学会）から、マイルストーン賞が贈呈された。

カーナビなどに利用される「測位システム」の仕組み

気象・放送・通信の各衛星は長年利用されていて「実用衛星の3本柱」ともいわれている。

それに加えて、最近では人工衛星を利用した「測位システム」が欠かせないものとなっている。その代表的な例として米国の「GPS＝全地球測位システム」がある。

GPS衛星を使って受信機（GPS携帯やGPSカーナビについている受信機）の位置を決める方法は驚くほど単純である。「鶴亀算（連立方程式）」である。

GPS受信機の位置（縦、横、高さ）を（A、B、C）として、式を立てればいい。そのためにはデータが必要となる。そのデータを提供してくれるのが、GPS衛星である。

GPS衛星は、かなり正確に自分自身の位置の座標（X、Y、Z）と時間のデータをもっていて、それを常に地上に送っている。その情報を受信して、次ページの図に示したような原理で式を立てればよい。

GPS衛星には精度の高い原子時計が搭載されている

ただ、これだけでは充分な精度が出ない。

GPS衛星は「原子時計」という、きわめて精度の高い時計をもっているので、まず誤差はないと考えておく。

しかし、携帯電話やカーナビの受信機にはコストの面から精度の高い時計を載せられない。そのために「誤差」という未知数が1つ増えてしまう。

それを解決するために、もう1つ式を立てる必要があるので、一般に、4機以上のGPS衛星を受信できないと精度の高い位置の計算ができなくなるというわけだ。

山とかビルなどがなく、360度見渡せる場所なら、確実に4機以上のGPS衛星から受信できる。

しかし、現実には、山があったりビルがあったりで、電波が遮蔽されることも少なくない。

とくに高層ビルなどの多い都市部では、四面楚歌ならぬ四面ビルという状態でGPS受信機が活躍できなくなってしまう。

GPS衛星を補完する準天頂衛星「みちびき」

その問題を解決してくれるのが準天頂衛星「みちびき」だ。

「みちびき」はGPSの互換信号を出すことができるので、GPS衛

◉GPSでクルマの位置がわかる仕組み◉

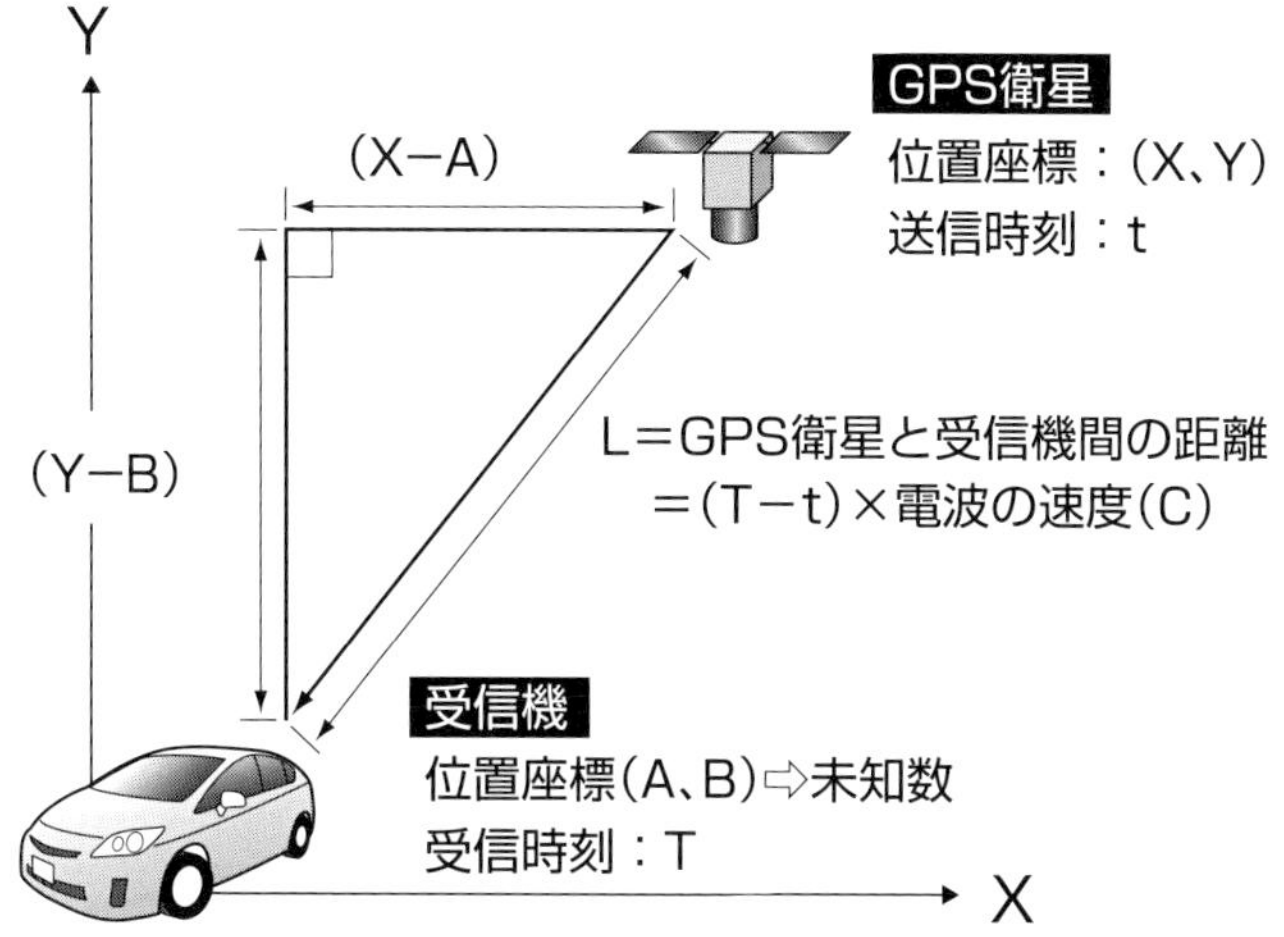

上の図の直角三角形の斜辺の長さがLだから、
以下の式が成り立つ。

$$(X-A)^2+(Y-B)^2=[(T-t)\times C]^2$$

未知数は2つだから、もう1つGPS衛星があれば、
式がもう1つできて、AとBが決定できる。
3次元の場合は，X、Y、Zのように，パラメータが
1つ増える。

星の1機として振る舞うことができる。

「みちびき」が天頂にあれば、都市部でも電波を受信しやすく、あと3機のGPS衛星が見えていればいいということになる。

さらに、「みちびき」にはGPSの誤差を補正できる信号を出す機能もあり、計測精度を数cm〜数mまで向上させることが可能だ。

このくらいの精度になると、これまで難しかった「クルマの自動運転・自動駐車」や「行きたいお店の入口までご案内」「遺失物や迷子をピンポイントで見つけ出す」といった用途も視野に入ってくる。

いま、まさに急ピッチで開発が進む
2012年打上げ予定の「あすなろ」

経済産業省／無人宇宙実験システム研究開発機構（USEF）が、2012年に打ち上げる予定の小型地球観測衛星「ASNARO（あすなろ）」は、今後の宇宙産業の発展にとって、エポックメーキングとなり得る人工衛星だ。これまでの人工衛星とは、何が、どう違うのだろうか。

高性能な光学望遠鏡を搭載。小型だが大型衛星並みの実力

現在、開発が進められている「ASNARO」は、高性能な光学望遠鏡を搭載した地球観測衛星だ。質量500kg程度の小型衛星ながら、目標とする地上分解能（認識できる最小サイズ）は50cm級。従来は2トンクラスの観測衛星がもつような高分解能センサーを、小型衛星で実現しようというものだ。そのため、「ASNARO」の光学望遠鏡には、さまざまな先端技術が採用される予定だ。

人工衛星の仕組みとして、「標準衛星バス」を採用しているのもポイント。標準衛星バスとは、どの人工衛星でも必要となる基本的な機器（＝バス機器）をまとめ、それを汎用的に使えるように標準化したものである。

標準衛星バスを使えば、人工衛星ごとにバス部の設計をやり直す必要はなくなる。そのバス部に、人工衛星のミッションで必要となる機器（＝ミッション機器）を搭載すればいいので、開発期間の短縮や開発コストの削減が可能になる。

小型衛星の複数打上げで地域観測が、より便利に

「ASNARO」は、従来の大型衛星とはコンセプトが大きく異なる。大型衛星は多機能・高性能だが、その反面、開発費が高く、開発期間も長くなる。しかし、小型衛星の「ASNARO」は低価格・短期間で開発できる。しかも、1回の打上げで複数機を同時に打ち上げることもできる。つまり、1機あたりの打上げ費用が格段に安くなる。

◉地球観測衛星での撮影のタイミング◉

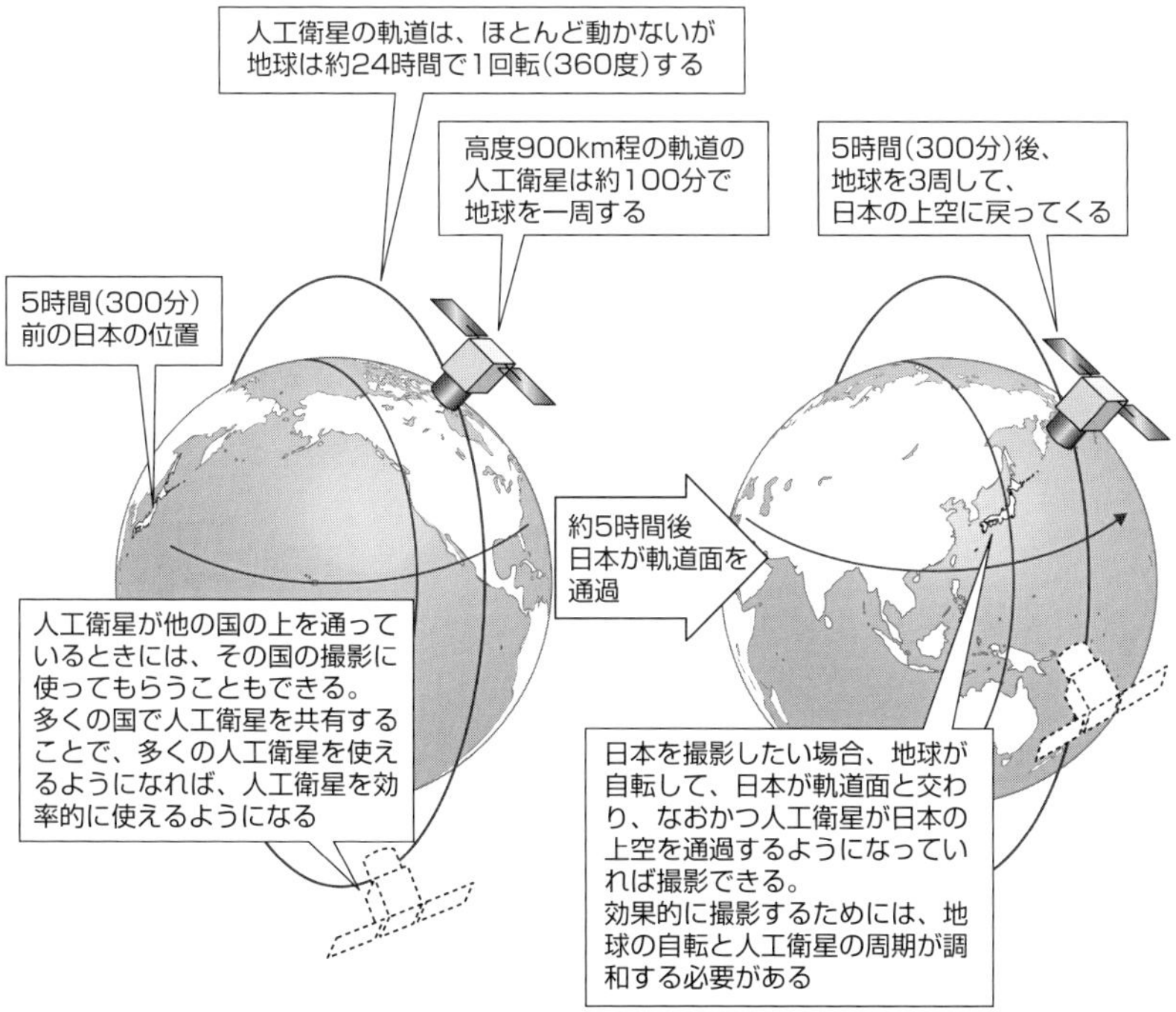
人工衛星の軌道は、ほとんど動かないが
地球は約24時間で1回転(360度)する
高度900km程の軌道の
人工衛星は約100分で
地球を一周する
5時間(300分)後、
地球を3周して、
日本の上空に戻ってくる
5時間(300分)
前の日本の位置
約5時間後
日本が軌道面を
通過
人工衛星が他の国の上を通っているときには、その国の撮影に使ってもらうこともできる。
多くの国で人工衛星を共有することで、多くの人工衛星を使えるようになれば、人工衛星を効率的に使えるようになる
日本を撮影したい場合、地球が自転して、日本が軌道面と交わり、なおかつ人工衛星が日本の上空を通過するようになっていれば撮影できる。
効果的に撮影するためには、地球の自転と人工衛星の周期が調和する必要がある

これは、単に「人工衛星を安く開発できる」ということだけを意味しているのではない。「大型衛星1機と同じ金額で、より多くの人工衛星をもつことができる」ということでもある。

高分解能の地球観測衛星は、高度500〜900㎞程の軌道を南北方向にグルグル周回している。このように飛行すると、地球の自転によって撮影する場所がどんどん移動していくので、地球の全域をくまなく観測するのに都合がいい。

しかしその反面、同じ場所に戻ってくるまでの日数が長いという問題がある。

人工衛星が再び同じ地点の上空を通過するまでの期間を「回帰日数」と呼び、これは長ければ数十日にもなる。その間、その人工衛星は同じ地点を撮影することはできない。

災害時には、同じ場所を繰返し撮影したいものだが、それができない。しかし、もし人工衛星を2機用意して同じ軌道上にうまく配置してやれば、撮影できない期間を半分にできる。5機なら5分の1、10機なら10分の1だ。このように、複数の人工衛星を使うことを、「コンステレーション」と呼ぶ。

小型衛星による
コンステレーションが可能に

コンステレーションによって、必要なときに、比較的速やかに撮影することも可能になる。それを実現させるためには1機あたりの値段が安い小型衛星が有利だ。

少数の大型衛星による観測が向いている場合もあるが、できるだけ早く撮影できるようにしたいのであれば、小型衛星によるコンステレーションもあり得るというわけだ。

「ASNARO」は、NECの標準衛星バス「NEXTAR（NX－300L）」を搭載する最初の人工衛星になるが、初号機のみで終わらせるのではなく、海外向けに、同型機を2機目、3機目と販売することも狙っている。

大型衛星の市場は、すでに欧米メーカーのシェア（市場占有率）が高く、ここに食い込むのは容易ではない。だが、小型衛星はこれから高い成長が期待される分野だ。低価格ということもあって、アジア・アフリカ・南米などの、これまで人工衛星をもつことができなかった国からの需要が高まりつつあり、日本の宇宙産業にとっては大きなチャンスだ。

宇宙で「ASNARO」の性能を実証して、こうした国々からの期待に応え、その発展に貢献したい。

◉ASNAROと世界の光学衛星との比較◉

	ASNARO	WorldView-2＊＊	GeoEye-1＊＊＊
打上げ年	2012（予定）	2009	2008
衛星質量	500kg未満	2,800kg	2,000kg
センサ分解能 センサ観測幅	約0.5m（Pa）＊ 2m未満（Mu）＊ 10km	0.46m（Pa） 1.84m（Mu） 15.8km	0.46m（Pa） 1.84m（Mu） 14.4km
データレート	832Mbps	800Mbps	740Mbps
軌道	504km	770km	634km
寿命	3年	7.25年	7年

＊Pa：パンクロマチック（白黒画像）／Mu：マルチバンド（カラー画像）
＊＊WorldView-2：米国のデジタルグローブ社が保有する観測衛星（2009年10月8日打上げ）
＊＊＊GeoEye-1：米国のジオアイ社が保有する観測衛星（2008年9月6日打上げ）

◉2012年打上げ予定の「あすなろ」◉

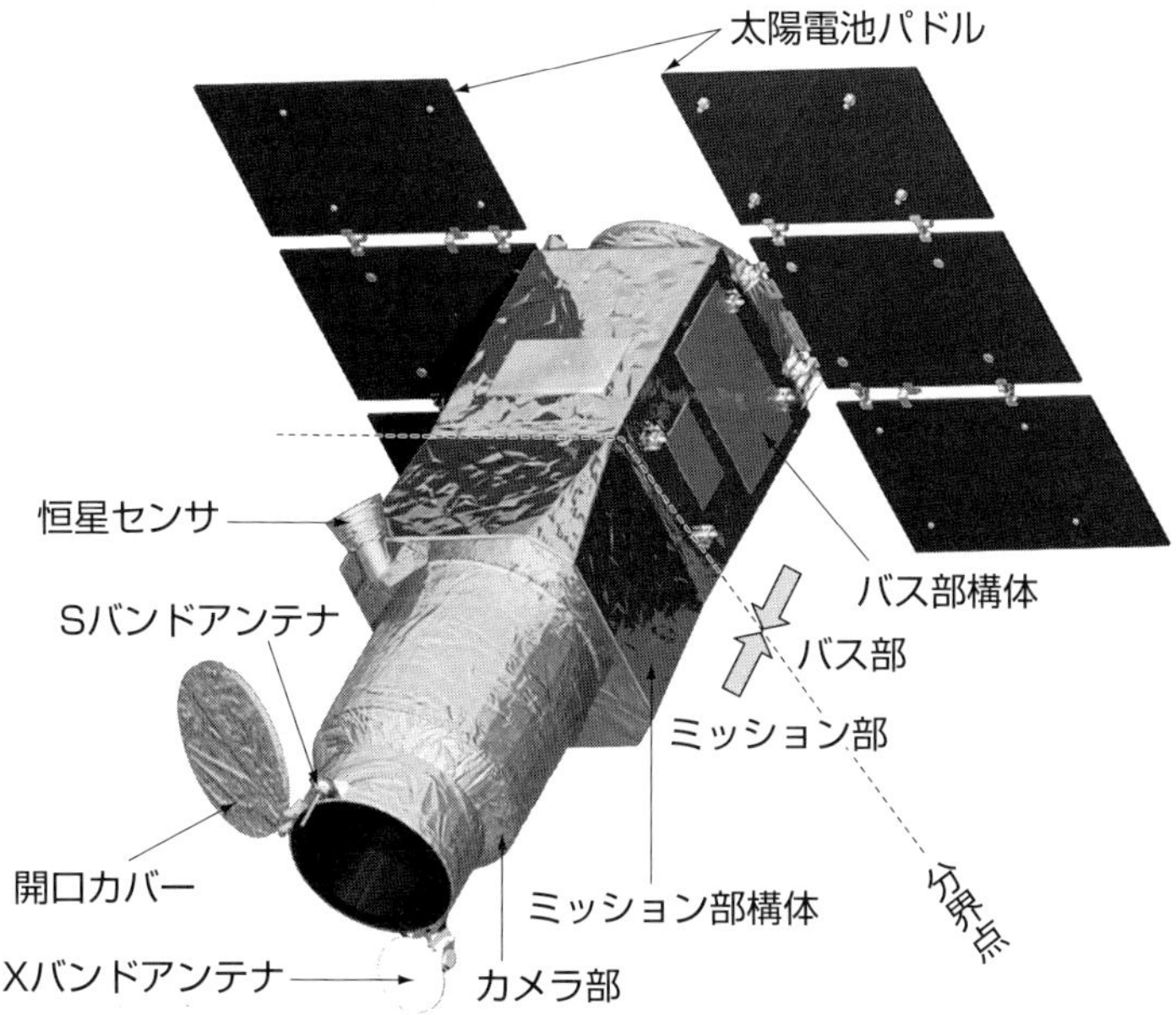

「あすなろ」には光学センサーが載せられているが、「SARセンサー」や「赤外線センサー」を載せることも可能。

項目	内容
ミッション －光学センサ －データ記憶量 －データ伝送	 パンクロ／マルチ一体型 分解能：0.5m以下（Pan、高度504km） 観測幅：10km 120GB以上 Xバンド16相QAM、約800Mbps
撮像範囲 アジリティ	直下±45degのコーン内 45deg/45秒（平均1deg/秒）
打上げ 軌道	2012年度（予定） 国産のイプシロンロケット、H－ⅡA、海外のDnepr、Rockotなどの主要ロケットに適合 太陽同期準回帰軌道（高度504km） 軌道傾斜角：97.4° 降交点通過太陽地方時刻：11時
地上局	国内商用地上設備及び可搬局、海外局を想定
運用期間	3年以上（目標5年）
質量	・バス　250kg（推薬除く） ・ミッション　200kg（最大搭載可能質量） ・推薬　45kg（最大搭載可能質量） 〈TOTAL〉495kg
電力	発生電力　：1,300W（3年後） ミッション供給電力：400W

COLUMN

気づいていないかもしれないが、誰もが人工衛星を一日中使っている!

▶▶天気予報もカーナビも…人工衛星がなければ始まらない

宇宙開発や人工衛星といった言葉を聞くと、「夢やロマンのある話だけど、自分とは違う世界の話」というイメージをもつ人も少なくないだろう。

ところが、それらは私たちの生活にとって、じつは欠かせないもの、身近なものになりつつある。いや、すでに「生活の一部を支えるもの」になっている。

たぶん、誰もが、朝、会社や学校に出かける前にTVのニュースなどで、その日の天気を確認するだろう。そこには気象衛星「ひまわり」のデータが使われている。

通信・放送衛星からの電波を受けて朝のTVニュースを見ている人もいるかも知れない。

車で出かける際、カーナビで行先をセットし、その指示に従って運転する人も多いはずだ。

だが、そのとき、1台のカーナビは4機以上のGPS衛星から直接データを受け取っていることを、ご存知だろうか。

つまり、カーナビの利用者は、クルマを運転している間、常に4機のGPS衛星を使っているというわけだ。

もちろん、GPS機能付きの携帯電話のナビでも同様である。

▶▶地上3万6000㎞に位置する人工衛星が感動と興奮を伝えている

真夜中に、オリンピックやサッカーのワールドカップの試合に釘付けになった経験のある人も多いだろう。このときも通信衛星を使っている。

あるいは海外に出張や旅行で出かけ、日本に電話をかけると、「相手の反応が遅いなぁ」と感じた人もいるはずだ。

じつは、このときにも電話回線の中継役として人工衛星が使われている。

「静止軌道」と呼ばれる、地上から3万6000㎞も離れたところにある人工衛星を使って音声をつないでいる。そのため、電波が届くまでに時間がかかり、相手の反応を遅く感じてしまうのだ。

＊　＊　＊

このように、私たちは、知らず知らずのうちに、日々の生活のなかで、沢山の人工衛星を使っている。

人工衛星は、水道管や電線、あるいは道路や鉄道のように、直接、目に見えるものではない。そのために「人工衛星を使っているんだ」という認識はほとんどないかもしれない。

しかし、じつは、1日24時間のうち、かなり長い時間、人工衛星を使っているというわけだ。

1章

どうやって宇宙に届けられ所定の位置に至るのか

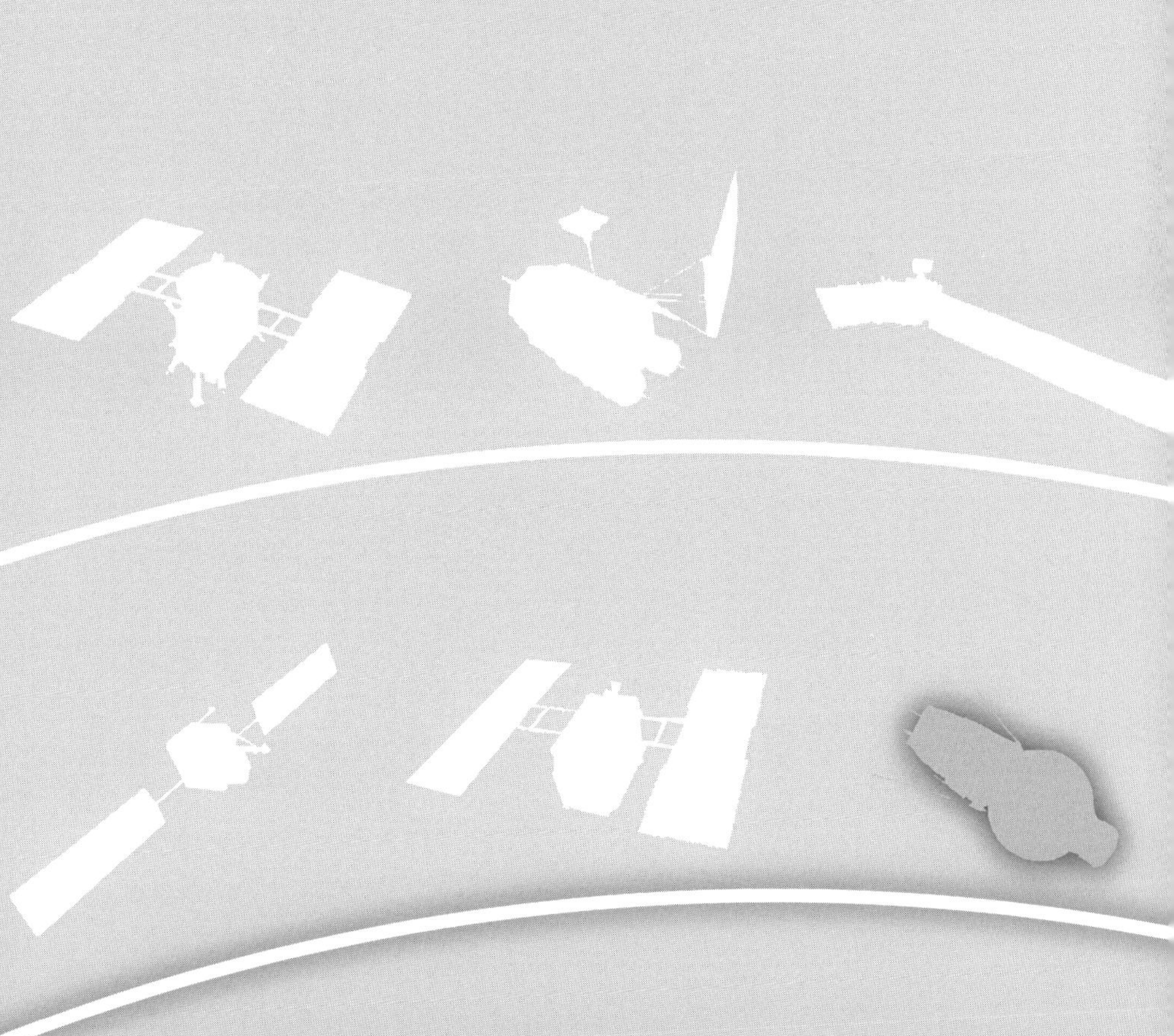

人工衛星は秒速7kmの猛スピードで宇宙空間を飛んでいる

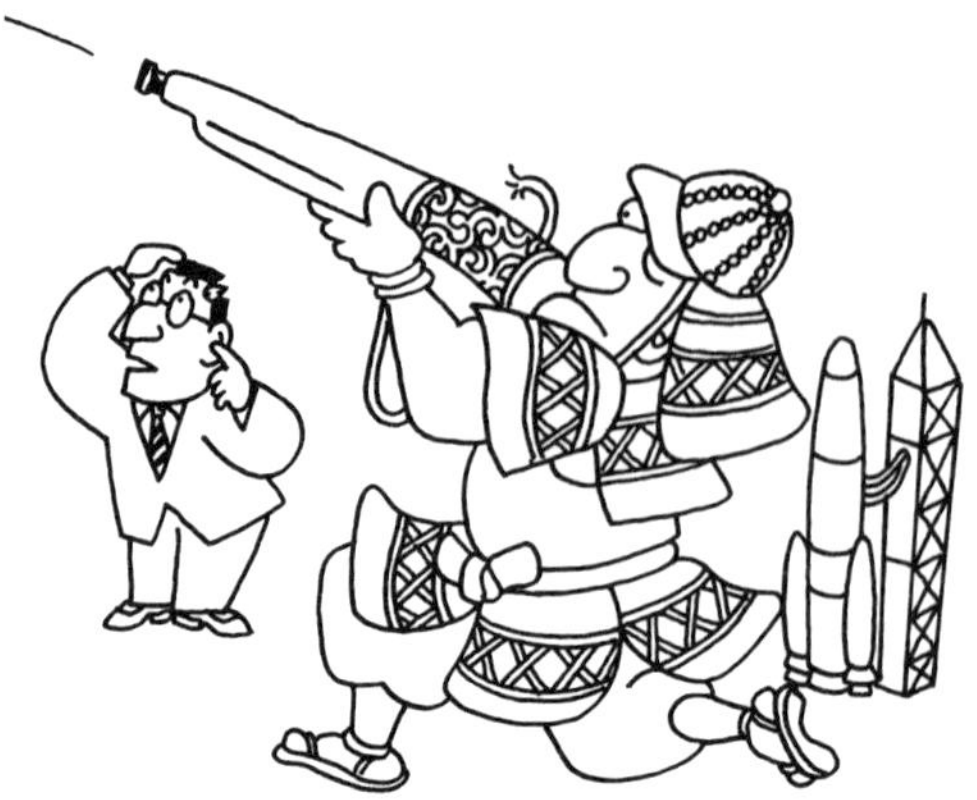

人工衛星は、宇宙空間で、気象観測や通信・放送といった、あらかじめ決められたミッション（仕事）を達成するためにつくられる精密機械です。

一旦、打ち上げられると、自動車や飛行機のように燃料補給やメンテナンスを受けることなく、人工衛星自身が持って行った燃料と太陽電池から得られる電力を頼りに、真空状態や高熱、放射線といった厳しい宇宙環境にも耐えて、5年、10年と働き続けます。

ただし、人工衛星がミッションを開始するためには、まず宇宙に行かなければなりません。

宇宙に行くための手段はロケットです。

ニュース映像などで、白煙を上げて飛んでいく様子が報じられます。ロケットの打上げは迫力もあり、人目も引きます。

でも、人工衛星にとっての本番は、ロケットで軌道に投入され、切り離されてからです。

本書は『人工衛星の〝なぜ〟を科学する』ですから、ロケットに深入りはしませんが、人工衛星と関わりの深い部分を少し紹介します。

人工衛星は仕事の目的によって決められた軌道に入れなければなりま

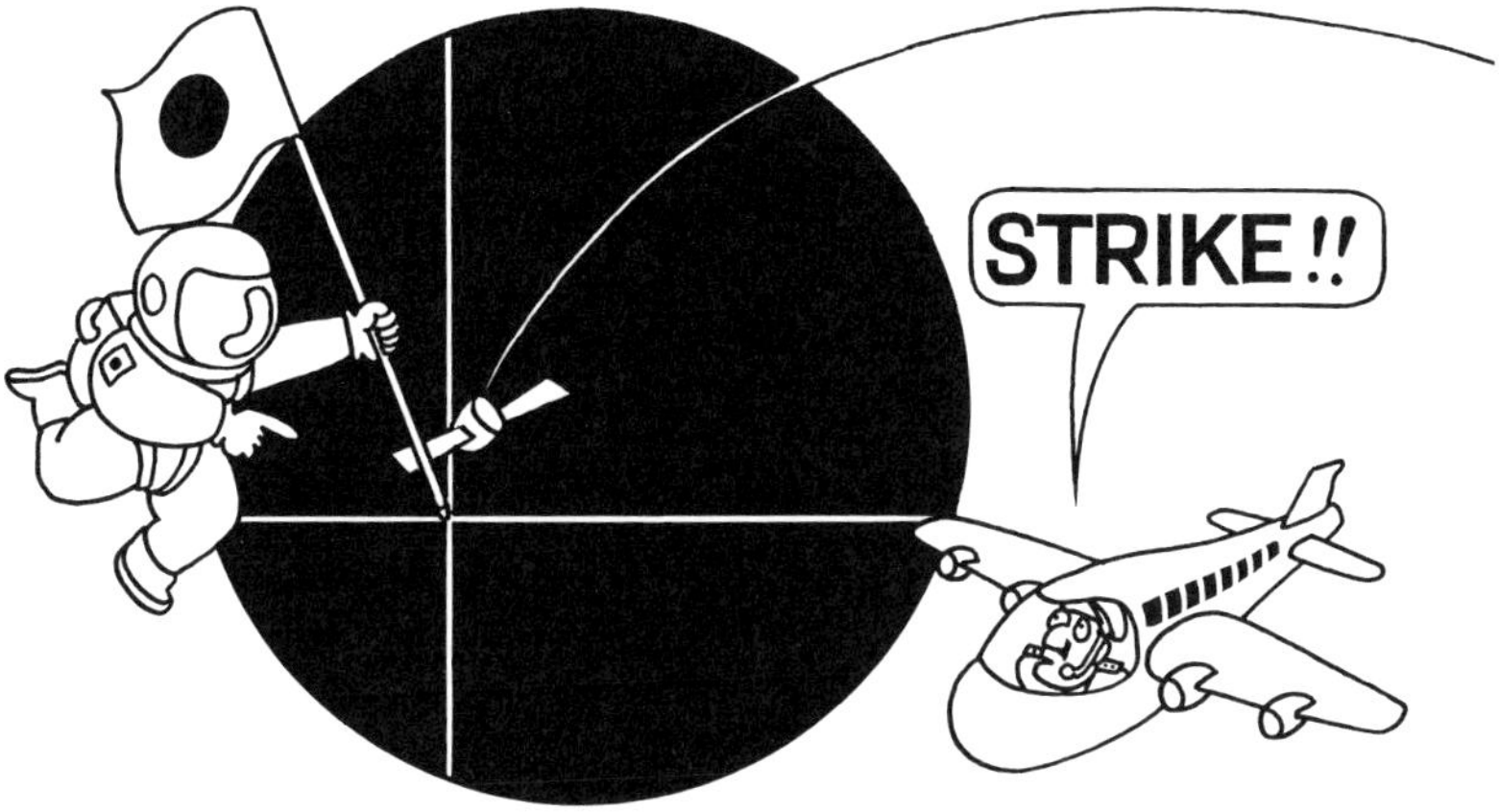

せん。どういう軌道に入れるかによって、ロケットを打ち上げる方向や時刻が決まってきます。

しかし、ロケットで行ける高さや精度にも制限があります。静止軌道や月・惑星探査など、地球から遠いところを仕事場にしている人工衛星は、ロケットで途中まで送ってもらって、あとは自分の力で目的とする軌道まで行くことになります。

ところで、人工衛星がどれくらいの速さで地球の周りを飛んでいるかをご存知でしょうか。

たとえば高度900㎞の地球観測衛星は秒速7㎞以上という猛スピードで飛んでいます。フルマラソンなら6秒ちょっとでゴールです。

でも、どうして、そんなに速く飛ばなければならないのでしょうか。また、人工衛星は、どんなふうに、広い宇宙空間を飛んでいるのでしょうか。

人工衛星は、宇宙を好きなように飛べるわけではありません。人工衛星が宇宙を飛ぶためには、あるいは飛び続けるためには、物理法則に従わなくてはなりません。本書では難しい数式をできるだけ使わず、図を多用して理解しやすくなるように解説しました。

ではまず、人工衛星が宇宙に届けられ、所定の位置につくまでの話から始めましょう。

なぜ人工衛星の打上げが日本では種子島か内之浦なのか

宇宙への「玄関口」となるのがロケットの射場（ロケットを打ち上げる場所）である。現在のところ我が国の射場は鹿児島県内にある2か所だ。射場をつくるにあたっては考慮すべき事柄や条件がある。ロケットの射場とは、どんな場所なのか。海外の射場はどうなっているのか？

日本初の人工衛星「おおすみ」も「はやぶさ」も内之浦から宇宙へ

日本で大きなロケットを打ち上げることができる射場は、内之浦宇宙空間観測所（鹿児島県肝属《きもつき》郡肝付《きもつき》町）と種子島宇宙センター（鹿児島県熊毛《くまげ》郡南種子《みなみたね》町）の2か所である。

どちらも宇宙航空研究開発機構（JAXA）の施設であるが、2003年に「航空宇宙3機関（下記［注］参照）」がJAXAに統合される前には、前者は宇宙科学研究所（ISAS）の、後者は宇宙開発事業団（NASDA）の射場として、それぞれ運用されていた。

人工衛星には、天体観測や探査を行なう「科学衛星」と、通信・放送・気象観測などの「実用衛星」がある。

［注］「航空宇宙3機関」とは？
2003年にJAXA《ジャクサ》に統合された「NAL《ナル》」「ISAS《アイサス》」「NASDA《ナスダ》」のこと。

NAL　航空宇宙技術研究所（科学技術庁所管）　1955年、航空技術研究所として総理府に設置され、翌年、科学技術庁の発足とともに同庁の所管となる。1963年、航空宇宙技術研究所と改称。

ISAS　宇宙科学研究所（文部省所管）　1955年、糸川博士が東京大学生産技術研究所にてロケットの研究を開始。1964年、東京大学宇宙航空研究所設立。1981年、宇宙科学研究所を創設。文部省所管となる。

NASDA　宇宙開発事業団（科学技術庁所管）　1964年、宇宙利用の研究を主眼として、科学技術庁に宇宙開発推進本部を設置。1969年、宇宙開発事業団法の成立により宇宙開発事業団が発足。

科学衛星はISAS、実用衛星はNASDAという分担だった。

ロケットも、ISASは固体燃料ロケットのL（ラムダ）、M（ミュー）シリーズを、NASDAは液体燃料ロケットのN、Hシリーズをそれぞれ開発、使用していた。

内之浦宇宙空間観測所は、東京大学生産技術研究所によって、1962年に開設された。1970年には、日本初の人工衛星「おおすみ」がL－4Sロケット5号機で打ち上げられている。

JAXAへの統合後、M－Vロケットが廃止され、2007年以降、人工衛星の打上げは行なわれていないが、今後、新型ロケット・イプシロンの射場として利用されることが決まっている。

種子島宇宙センターはNASDA発足とともに、1969年に開設された。米国からの技術導入で開発されたN－Iロケットを初めて打ち上げたのが1975年。1994年には国産化を果たしたH－IIロケットの初フライトにも成功した。

現在の主力ロケットはH－IIAロケットで、2011年12月までに20回の打上げを実施。成功率は95%（失敗は6号機のみ）と、高い信頼性を誇っている。2009年には、メインエンジンを2基に増やして打上げ能力を強化したH－IIBロケットも開発した。

ロケットの打上げに求められる安全性・省エネ・利便性

内之浦宇宙空間観測所は、大隅半島の太平洋側に位置する。この一帯には平地が少なく、山間地に施設が点在しているが、このような射場は世界的にも珍しい。

一方の種子島宇宙センターは、種子島のほぼ南端にある。こちらはほぼ平坦で、海の青さと敷地の緑のコントラストから「世界一美しい射場」とも呼ばれている。

射場を選定する際に考慮されるのは、次のような事柄である。

①安全性（陸海空の交通の安全、人口密集地を避ける）
②省エネ（打上げ時のロケット燃料を少なくする）
③利便性（充分な土地がある、交通の便が良い、など）

これらを考慮した結果、ふたつの射場は、ともに鹿児島県に設置されることになった。

安全性の点では、海に面している場所が有利になる。日本はその点では有利だが、沿岸漁業をしている人たちの生活への影響も考慮しなくてはならない。

赤道に近いほど打上げは有利。その物理的な理由とは

省エネ、つまり人工衛星を目的の軌道に入れるまでに使う燃料は少ないほうがいい。打上げ燃料が少なければ、それだけ重たい人工衛星を軌道上に入れることができるからだ。

その点では、じつは赤道に近いほうが有利になる。

地球の自転速度も有効に使えるし、あらゆる角度に打ち出せるという利点もあるからだ。

たとえば静止衛星の場合、ロケットが運ぶのは、静止トランスファー軌道（GTO）と呼ばれる長楕円軌道までである。

そこから静止軌道への変更は人工衛星側の作業になる。

静止衛星の目的地である静止軌道は、赤道上空を周回する軌道なので、赤道近辺から打ち上げられた場合、ロケットから分離された後は、高度だけを変更すればいい。つまり、赤道からの打上げが、きわめて有利ということだ。

だが、種子島などのように緯度の高い場所から打ち上げた場合、ロケットで運ばれた軌道は目的地となる静止軌道より30度ほど傾いている。その傾きの修正も人工衛星側の作業になり、それだけ人工衛星側の負担が大きくなる。つまり赤道に近い場所からの打上げは静止衛星にとっては省エネにもなるということだ。

次ページの地図は、世界の代表的な射場をまとめたものだ。

ギアナ宇宙センターは赤道になるべく近くするために、南米に建設された欧州宇宙機関（ESA）の射場である。

さらに極端な例では、赤道直下に浮かべた船上から打上げを行なう米国シーローンチ社のような民間企業もある。

◎世界の代表的な射場の緯度◎

射場の名称	所在地	緯度
内之浦宇宙空間観測所	日本	北緯31度
種子島宇宙センター	日本	北緯30度
ケネディ宇宙センター	米国	北緯29度
ギアナ宇宙センター	仏領ギアナ（南米）	北緯5度
バイコヌール宇宙基地	カザフスタン	北緯46度
酒泉宇宙センター	中国	北緯41度
サティシュ・ダワン宇宙センター	インド	北緯14度

◉世界の代表的な射場◉

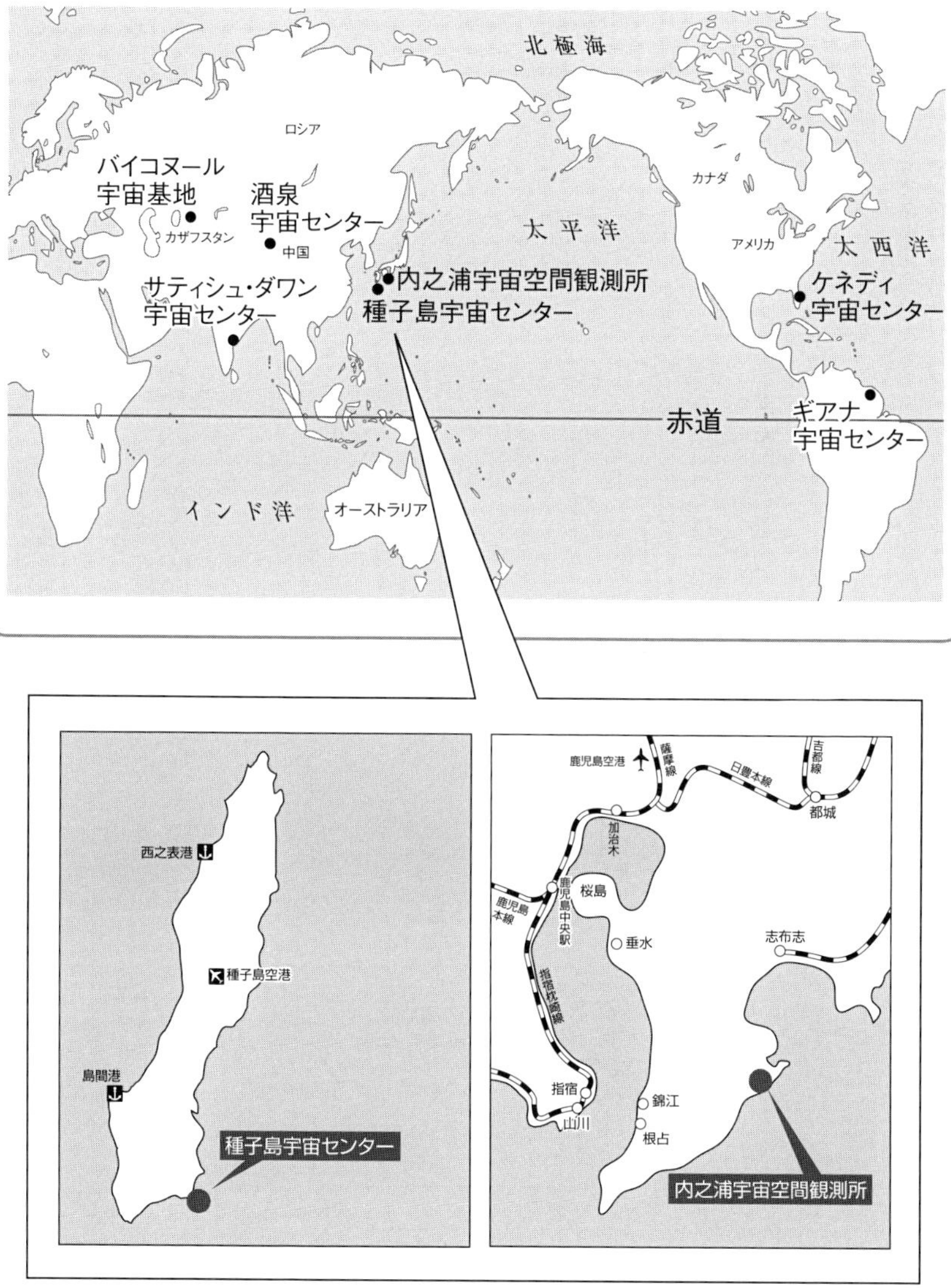

ロケットの打上げは、赤道に近いほど有利になる。そのため国内で一番赤道に近くて便利な場所が選ばれている。

え!?人工衛星は、好きなときに打ち上げることができない?

人工衛星を打ち上げるタイミングはどうやって決まるのか。日程や時間帯に制約はあるのか。じつは人工衛星の打上げには「ロンチウィンドウ」と呼ばれる打上げ可能な時間帯がある。それは、どんな「窓」なのだろうか。

打上げの時刻は人工衛星が投入される軌道で決まる

人工衛星は、いつでも好きなときに打ち上げられるわけではない。目標となる軌道へ、より確実かつ安全に投入するために、打上げのタイミングが限られてくる。

打上げは、何時何分から何時何分までなら可能というように、ある程度の幅をもつ場合が多い。この時間帯のことを「ロンチウィンドウ」と呼ぶ。

この〝宇宙への窓〟が開いているときに打ち上げれば、問題なく目標の軌道へ行けるというわけだ。

人工衛星の打上げ日時(ロンチウィンドウ)は、人工衛星が、その目的に応じて、どのような軌道に投入されるかによって異なってくる。

静止衛星の打上げタイミングは1〜2時間程度の幅がある

たとえば、静止衛星は地球の回転と同じ方向に同じ回転速度で回るので、軌道上の目的地と射場との相対的な位置関係は常に変わらない。相対的な位置関係が変わらないのであれば、いつ打ち上げてもいいように思えるが、じつはそうではない。

人工衛星は打上げ後、ロケットから分離されたら、すぐに太陽電池パドルを開いて電力を確保しないと、バッテリーが枯渇し、機能を停止してしまう可能性がある。

つまり、ロケットから分離される位置は、太陽光に照らされている(これを「日照状態」という)場所でなければならない。

しかも、できるだけ、その日照状

◉人工衛星の打上げウィンドウ◉

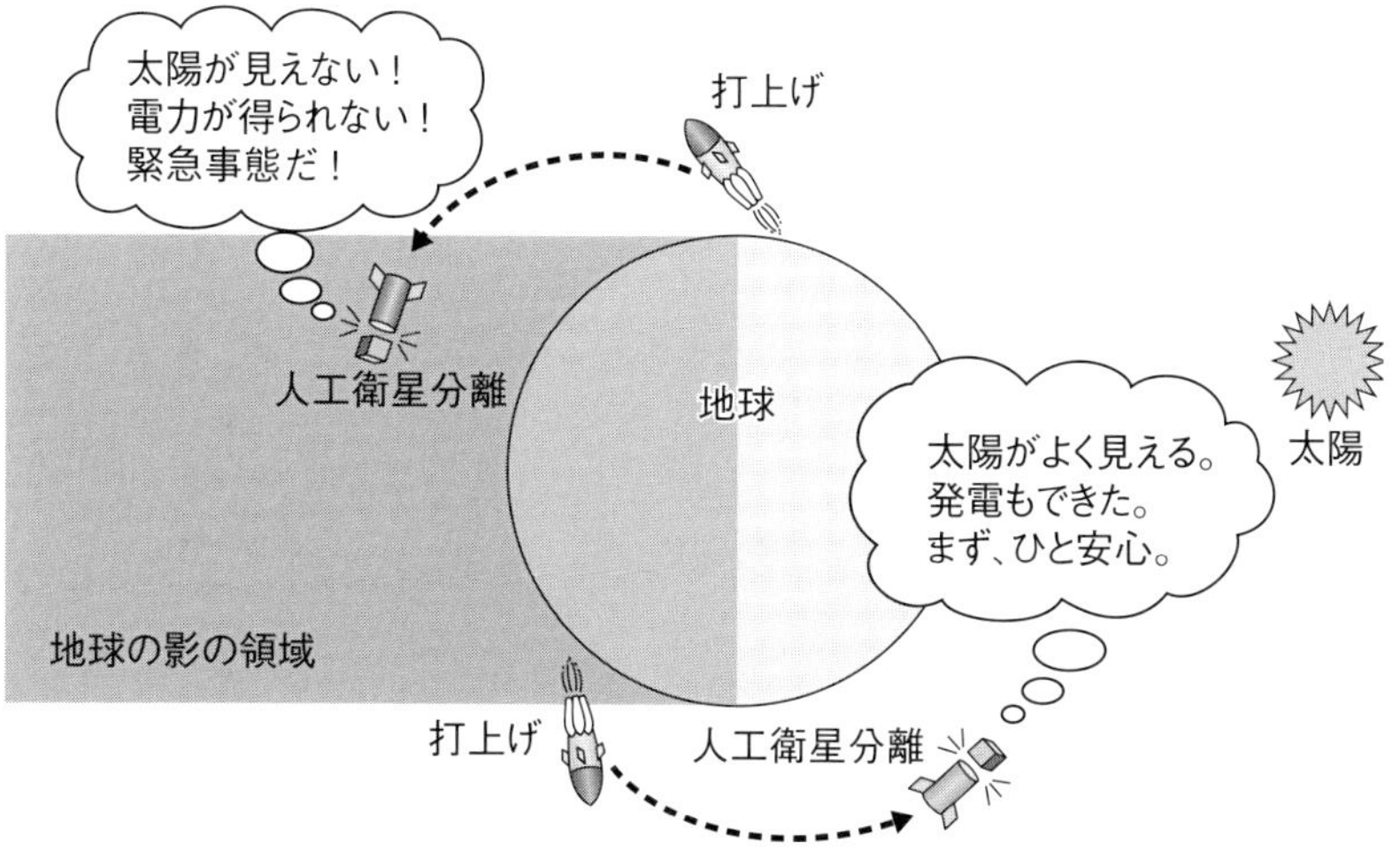
太陽が見えない！
電力が得られない！
緊急事態だ！
打上げ
人工衛星分離
地球
太陽
太陽がよく見える。
発電もできた。
まず、ひと安心。
地球の影の領域
打上げ
人工衛星分離

人工衛星をロケットから切り離したとき、太陽が当たるようになるタイミングで打ち上げる

態が長く続くようにするなど、太陽との位置関係によっても「ロンチウィンドウ」が制約を受けるということもあるわけだ。

ほかにも、地上局との通信条件など、さまざまな制約条件がある。

それらを考慮すると、静止衛星を打ち上げる際のロンチウィンドウは、実際には1～2時間程度に設定されることが多い。

極軌道衛星の打上げタイミングはわずか10分程度しかない

極軌道は地球を南北に周回する軌道なので、打上げのタイミングは、静止軌道衛星より、かなり厳しい制約を受ける。

つまり、人工衛星を投入しようとしている軌道（目標軌道）の軌道面を、射場が通過するタイミング（1日に2回しかない）でロケットを打ち上げないと、目標とする軌道面に入れることができない。

地球は1日に1回転、つまり、1時間に約15度回転する。

打上げのタイミングがズレると、そのぶんだけ目的とした軌道から角度がズレてしまい、その修正のため余分な燃料を使うことになる。

そのため、ロンチウィンドウは10分程度と厳しく設定されている。

◉極軌道への打上げは厳しい時間管理が必要◉

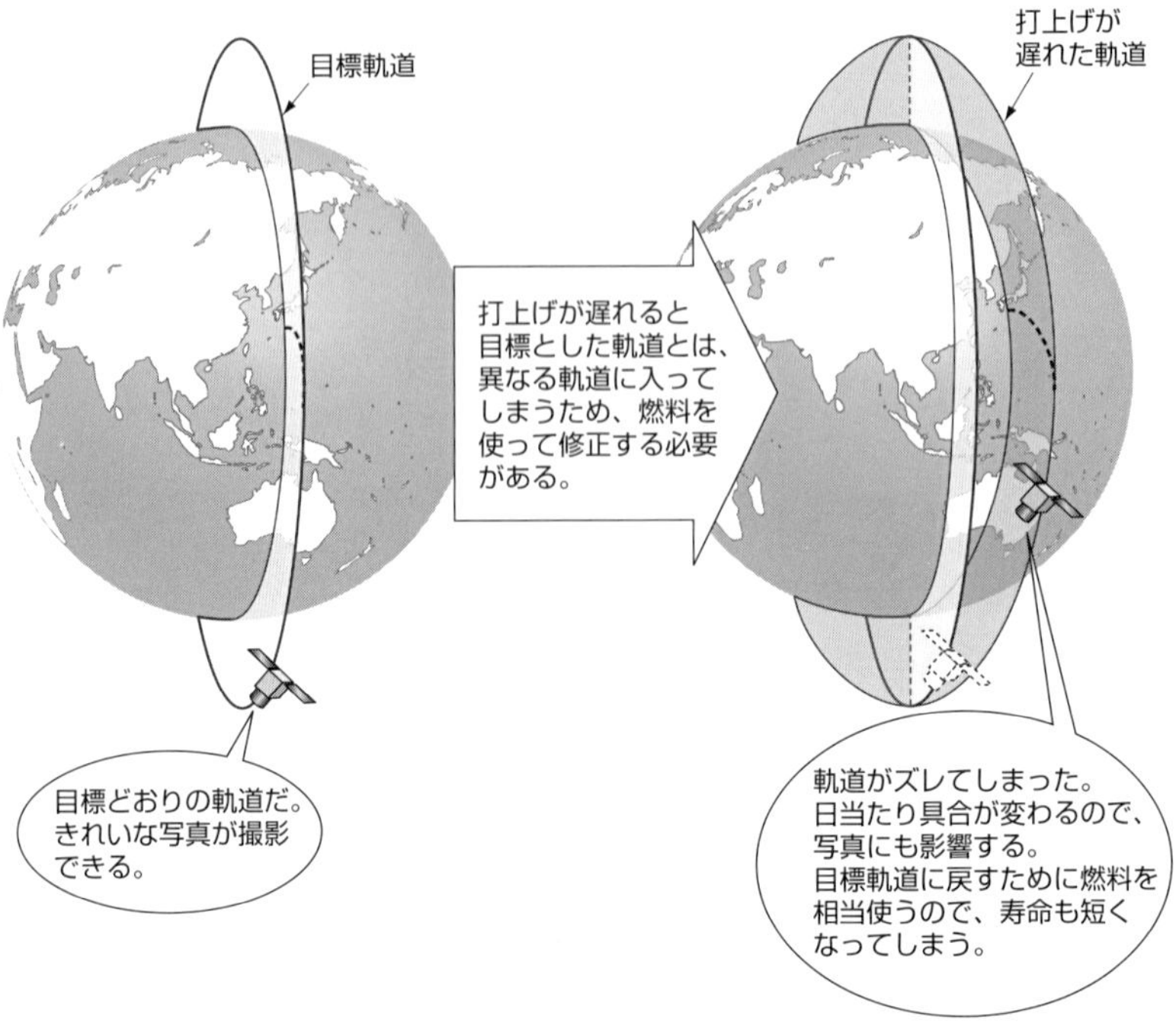

目標軌道
打上げが
遅れた軌道
打上げが遅れると
目標とした軌道とは、
異なる軌道に入って
しまうため、燃料を
使って修正する必要
がある。
目標どおりの軌道だ。
きれいな写真が撮影
できる。
軌道がズレてしまった。
日当たり具合が変わるので、
写真にも影響する。
目標軌道に戻すために燃料を
相当使うので、寿命も短く
なってしまう。

人工衛星を目標とする極軌道に入れる場合、打上げ時間の制約は厳しい。地球は1時間に15度回転するので、10分遅れると、軌道面が2.5度ズレた軌道になる

ターゲットのある探査機は打上げのタイミングが難しい理由

最も打上げのタイミングが厳しいのは、宇宙ステーションや月、惑星（火星、金星等）、小惑星など、打ち上げる人工衛星の「訪問先」が決まっている場合である。

訪問先の軌道運動に合わせて打上げ日時を決めないと、相手とうまく会合（ランデブー）できない。

そのためロンチウィンドウの幅はなく、秒単位での打上げ時刻が設定される。

宇宙ステーションに行く場合は、地球を100分程で周回しているので、毎日1回はチャンスがあるが、月へ行く場合は、ひと月のうちの数日という特定のタイミングに打ち上げなければならない。

惑星の場合は、その惑星と地球が

● 日本の人工衛星のロンチウィンドウ例（打上げ順）

人工衛星名	目的/軌道	打上げロケット	ロンチウィンドウ	
			年月日	時刻（時間帯）
小惑星探査機「はやぶさ」	小惑星探査	M-V 5号機	2003年5月9日	13時29分25秒
陸域観測技術衛星「だいち」	極軌道	H-IIA 8号機	2006年1月24日	10時33分～43分（10分間）
運輸多目的衛星2号機「ひまわり7号」	静止軌道	H-IIA 9号機	2006年2月18日	15時27分～16時44分（77分間）
技術試験衛星VIII型「きく8号」	静止軌道	H-IIA 11号機	2006年12月18日	15時32分～15時44分（12分間）
月周回衛星「かぐや」	月探査	H-IIA 13号機	2007年9月14日	10時31分01秒
超高速インターネット衛星「きずな」	静止軌道	H-IIA 14号機	2008年2月23日	16時20分～17時55分（95分間）
温室効果ガス観測技術衛星「いぶき」	極軌道	H-IIA 15号機	2009年1月23日	12時54分～13時16分（22分間）
金星探査機「あかつき」	金星探査	H-IIA 17号機	2010年5月21日	6時58分22秒
準天頂衛星初号機「みちびき」	＊1	H-IIA 18号機	2010年9月11日	20時17分～21時16分（59分間）
宇宙ステーション補給機「こうのとり」2号機	＊2 ISS補給	H-IIB 2号機	2011年1月22日	14時37分57秒

＊1：軌道高度はほぼ静止軌道と近いので、ロンチウィンドウも比較的長い
＊2：宇宙ステーションとのランデブーのため、月・惑星探査衛星同様、ピンポイントの打上げが要求される

接近するタイミングで打ち上げるので、「年」まで決まってくる。そのタイミングを外すと、数年待つことになる。

人工衛星や天体以外の打上げに関わる事情とは

日本ではまた、人工衛星の事情ではない打上げ時期の制約もあった。漁業権の問題である。

ロケットの打上げによって、近隣の漁業者は、安全性を確保するという観点から第1段の落下予想エリアでの操業ができなくなる。

そのため漁業関係者との間で打上げ可能な時期（年間190日、夏期と冬期）が決められていたのだ。

だが、2011年4月より、この制約は撤廃され、打上げ時期が、これまでより自由に選べるようになっている。

人工衛星は1機だけではなく〝相乗り〟でも打ち上げられる？

人工衛星には大きなものもあれば、小さなものもある。ロケットの大きさからすると、小さな人工衛星をたった1機だけ載せて打ち上げるのは、もったいないので、複数の人工衛星を打ち上げることもある。また、公募による「人工衛星の相乗り」も行なわれている。

1つのロケットで複数の人工衛星の打上げも可能

宇宙開発の初期の頃は、ロケットの打上げ能力の範囲内で、できるだけ大型の人工衛星を打ち上げるために1回に1機の人工衛星を打ち上げた。しかし最近は、ロケット能力の向上と人工衛星の小型軽量化により、複数の人工衛星を同時に打ち上げることも珍しくない。つまり〝相乗り〟である。そのメリットの1つは人工衛星1機あたりの打上げコストが下がることだ。

ロケットに相乗りする場合の費用計算は、旅行でレンタカーを借りて相乗りするのに似ている。宿泊代や食費など個々にかかる費用は変わらないが、レンタカー代は折半できる。旅行の全費用に対するレンタカー代の割合が高ければ高いほど相乗りによる費用低減効果も高くなる。

ロケットの打上げ能力の範囲内であれば、こうした同時打上げが可能だ。欧州の「アリアン5ロケット」などは、ほとんどが同時打上げとなっており、商用衛星の打上げで大きなシェアを獲得している。

同時打上げには、軌道に関する制約もある。同じ軌道面の人工衛星同士なら問題はないが、たとえば極軌道の人工衛星と静止衛星を一緒に打ち上げるのは、軌道変更に燃料がかかりすぎて現実的ではない。ちょうどいい相手がいないと、同時打上げは利用できないのだ。

開発した人工衛星を宇宙に届けてもらえるチャンス

ピギーバック方式という相乗り打上げもある。

◉各小型副衛星の外観及び搭載図◉

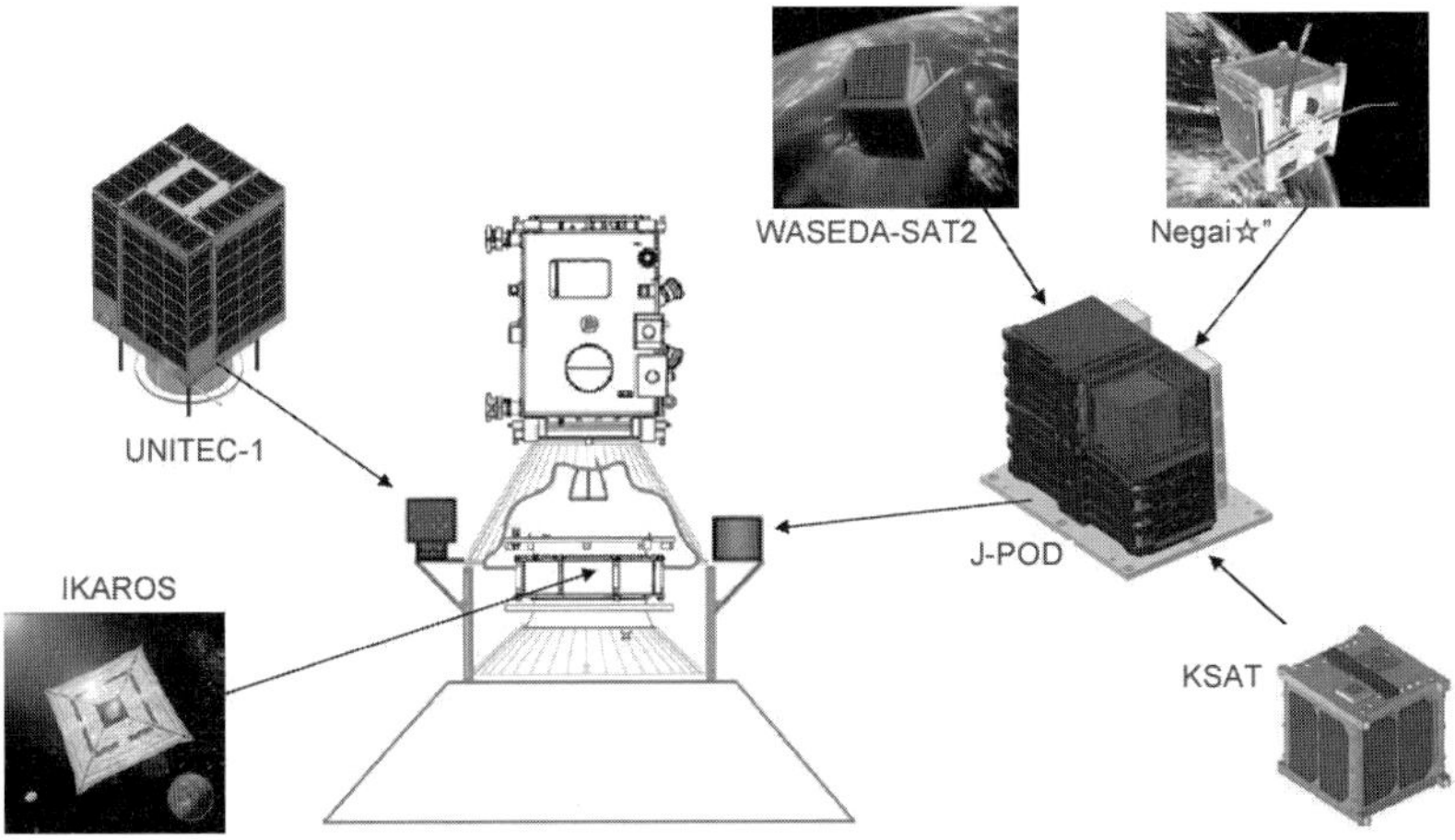

2010年5月21日に打ち上げられたH-ⅡAロケット17号機には5つの小型副衛星が載せられた／©JAXA／UNISEC／早稲田大学超軽量宇宙構造物研究会／鹿児島大学・鹿児島人工衛星開発協議会／創価大学黒木研究所

これは、ロケット側で余った打上げ能力を利用して、小さな衛星を搭載する方法である。

宇宙開発初期の頃から行なわれており、H－ⅡAロケットの打上げでも、15号機では7機（公募6機＋JAXA1機）、17号機では5機（公募4機＋JAXA1機）の小型衛星が搭載された。

JAXAの場合、ピギーバック方式で打ち上げる小型衛星は公募で決められる。

商用利用はできない、搭載機会・機数が限られる、応募の時点では、いつ打ち上げられるか予測できない……などの制約はあるものの、打上げ費用が無料という、とても大きなメリットがある。

そのため大学や高専などにとって、開発した超小型衛星を宇宙に届ける貴重な機会となっている。

垂直に打ち上げられるロケット。本当は「水平方向」に飛びたい？

人工衛星を積んだロケットの発射といえば、宇宙に向かって、まっすぐ上に飛んでいくというイメージがある。だが、人工衛星を地球を回る軌道に入れるためには、じつは「地表面と平行な方向に打ち出したい」のである。では、なぜロケットは真上に向かって打ち上げられるのだろうか？

人工衛星を積んだロケットは水平に飛んで行く!?

意外に思うかもしれないが、じつはロケットは、「上に飛ばしたい」のではなく「水平に飛ばしたい」のだ。

ではなぜ、実際のロケットは真上に打ち上げられるのか。

それは、地表近くには加速に邪魔な「濃い空気」があるからだ。いきなり水平に飛ぼうとしても、空気抵抗でブレーキがかかってしまう。そのため、ロケットは、まず上昇して空気が薄くなるところまで行き、それから徐々に水平に加速する。

次ページの図を見ていただこう。

地上で水平方向へボールを飛ばしても、引力と空気抵抗で、すぐに落ちてしまう。

だが、空気抵抗のない宇宙へ出て水平に飛ばせばどうだろう。

速度が遅いと、引力があるので、地上に落ちてしまうが、飛ばす速度を上げていくと、やがて引力と遠心力が釣り合い、地球を回り始める。これが、人工衛星を飛ばす原理だ。

地表から打ち出して地球を周回させるためには、秒速８㎞弱が必要となる。これを第一宇宙速度という。

打ち出す高度が高くなると、引力も弱くなるので、この水平速度も、だんだん小さくなってくる。

ちなみに、地球の重力の影響を振り切って太陽の周りを回る軌道に入れるためには、秒速11㎞くらいが必要になる。

「はやぶさ」も「あかつき」も、この速度を出して、イトカワや金星に向かって飛んで行ったということである。

◉人工衛星になるために、ロケットは水平に飛びたい◉

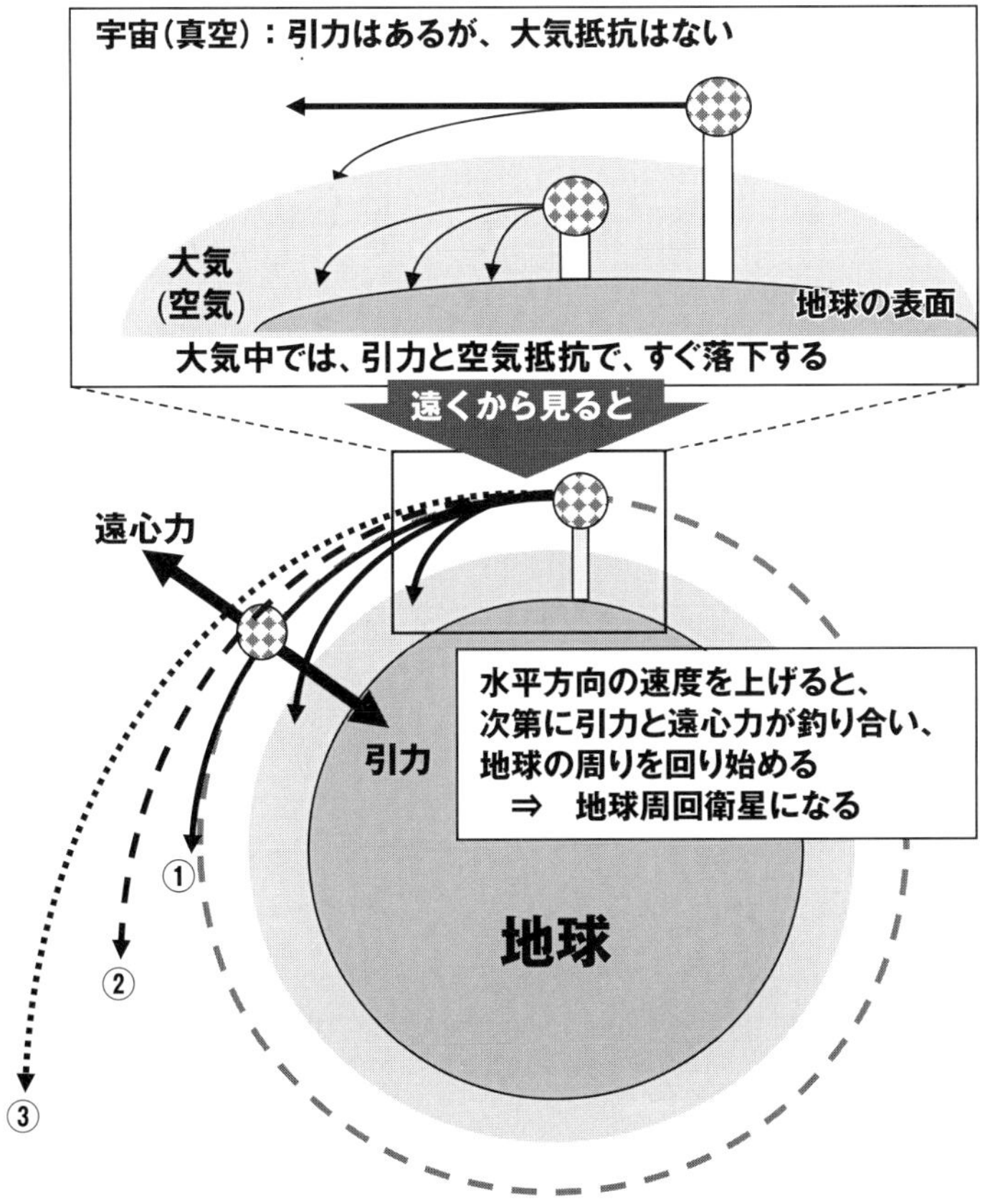
宇宙(真空)：引力はあるが、大気抵抗はない
大気
(空気)
地球の表面
大気中では、引力と空気抵抗で、すぐ落下する
遠くから見ると
遠心力
引力
水平方向の速度を上げると、
次第に引力と遠心力が釣り合い、
地球の周りを回り始める
⇒　地球周回衛星になる
地球
①
②
③

①ボール(ロケット)を打ち出すときの初速が、秒速7.9kmを越えると、
引力と遠心力が釣り合って、落ちることなく地球を回り始める。
これを「第一宇宙速度」という。

②打出しの初速を上げ、秒速11.2kmを越えると、
地球の引力(引力圏)から解き放たれて、太陽を回り始める。
これを「第二宇宙速度」という。

③打出しの初速を、さらに上げ、秒速16.7kmを越えると、
太陽の引力からも解き放たれて、太陽系の外に飛び出せる。
これを「第三宇宙速度」という。

COLUMN

人工衛星の軌道を決定づける「ケプラーの法則」とは?

人工衛星の軌道を理解するためには、1609年から1619年の間に、ヨハネス・ケプラーによって発表された惑星の運動に関する3つの法則(ケプラーの法則)を知っておいていただきたい。ここでは、わかりやすく図解してみた。

ケプラーの法則は、1609年に発表された「楕円軌道の法則」と「面積速度一定の法則」、及び、1619年に発表された「調和の法則」の3つから成っている。

第1法則(楕円軌道の法則)

惑星は、太陽をひとつの焦点とする楕円軌道上を動くという法則(図1)。じつは、この「楕円軌道の法則」でいう「太陽と惑星の関係」は、「惑星と衛星(地球と月あるいは人工衛星)」との関係でも成り立つ。

つまり、地球を回る人工衛星は、地球の重心を中心に周回している。

軌道面を横から見ると、必ず重心を通っている(図2の「○印」と実線で示した軌道)ということだ。

図2に「×印」と点線で示したような「北半球だけを回る軌道」は、物理的につくれない。

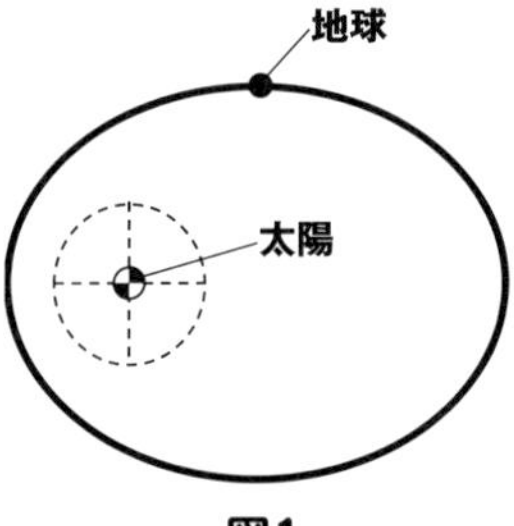

図1

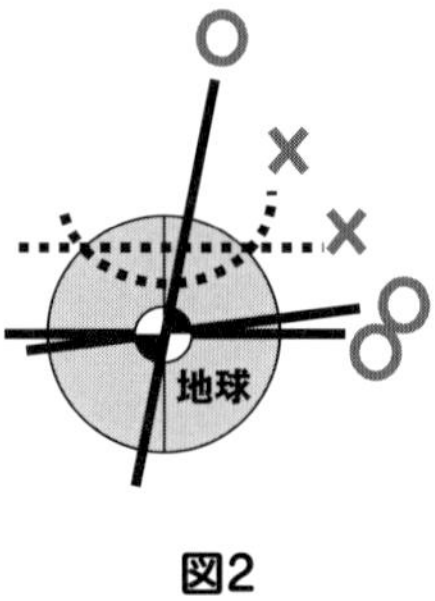

図2

第2法則(面積一定の法則)

惑星と太陽を結ぶ線分が、単位時間に描く扇形の面積は一定という法則(図3)。

これを地球と人工衛星に当てはめると、

●地球の近くを回るときは、速く回る

●地球の遠くを回るとき

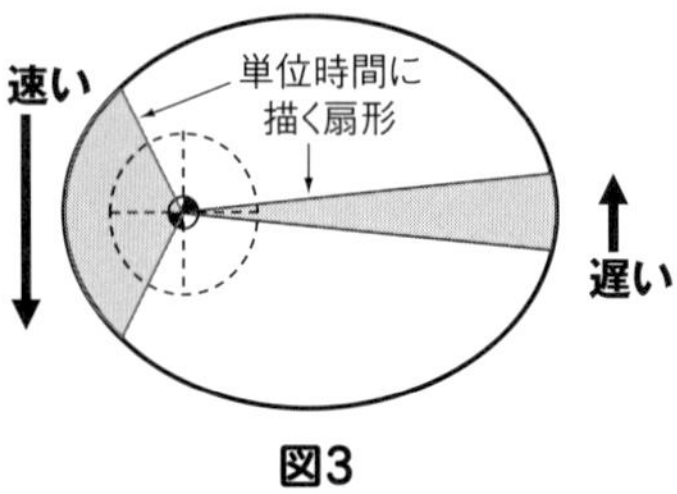

図3

は、遅く回る

ということになる。また、軌道が円軌道であれば、同じ速度で回るということでもある。

第3法則（調和の法則）

惑星の公転周期の2乗は、軌道の長半径（楕円の長径の半分）の3乗に比例するという法則。

この法則の意味するところは、人工衛星が地球を1周するのにかかる時間は、楕円軌道の長径だけで決まるということだ。

たとえば、人工衛星Aの軌道が円で、人工衛星Bの軌道が楕円だとする。その場合、人工衛星Aの軌道の直径と、人工衛星Bの軌道の長径が同じなら、軌道1周の距離には関係なく、それぞれが1周するのにかかる時間は同じになるということだ（図4）。

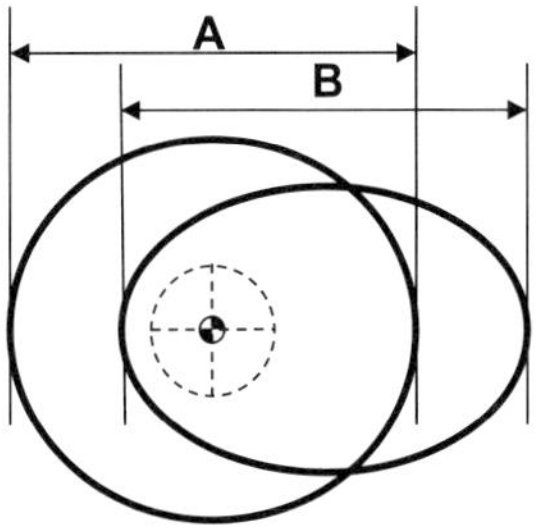

図4

応用編

これを人工衛星の軌道に当てはめれば、次のような話になる。

低高度軌道の人工衛星1は、高高度軌道の人工衛星2にくらべて軌道の直径が短い。直径の長さが一致しないので、同じ周期は設定できない。つまり、図5のように1と2が並んで飛行することはできないということだ。

また、低高度軌道を回る人工衛星1の動きと、高高度軌道を回る人工衛星2を図で示せば、たとえば、あるとき、地球から見て、同じ地点に見えたとしても、時間とともに、位置は違ってくるということだ。当然、低高度軌道の人工衛星のほうが、速く回ることになる（図6）。

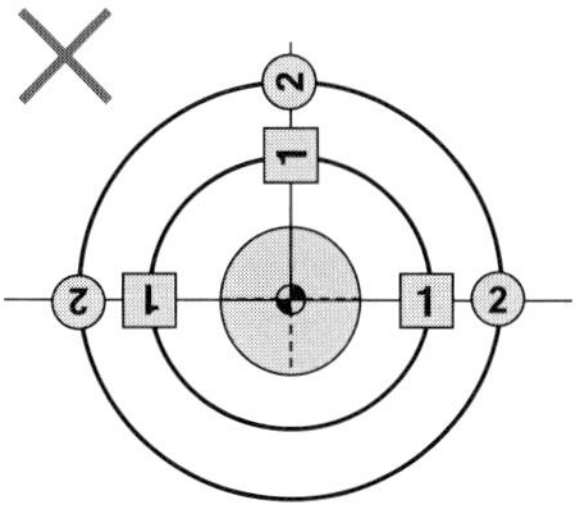

図5

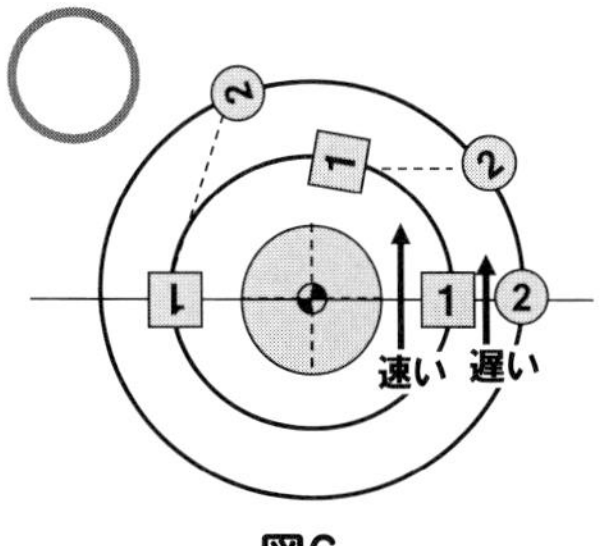

図6

打ち上げる方向が「静止衛星は東、極軌道衛星は南」という理由

静止衛星は東向きに、極軌道衛星は南向きに打ち上げられる。どちらも地球を回る人工衛星なのに、なぜ、軌道によって打ち上げる方角が違うのだろうか?

東向きに打ち上げないと「静止」衛星になれない

静止衛星は、なぜいつも同じところにいるのか? それは、2台のクルマが並走すると、それぞれのクルマのドライバーがお互いに止まっているように見えるのと同じである。

地球は東向きに1日で約1回転(自転)している。つまり、人工衛星も同様に1日約1回転させれば静止衛星になるというわけだ(次ページ上図)。

ロケットは、東向きに回転する静止トランスファー軌道と呼ばれる楕円軌道に人工衛星を打ち上げる。

この楕円軌道は、一番遠いところが静止軌道(高度3万6000㎞)とほぼ同じ高さになっているので、人工衛星は、自分のエンジンで足りないぶんを加速すれば、効率よく静止軌道に入ることができる。それでも、人工衛星本体とほぼ同じ重さの燃料を使う。

極軌道衛星の打上げ方向は北でも南でも成り立つ

日本では、地球観測衛星などが使っている極軌道へ打ち上げるときは南方向へ打ち上げる。

次ページの下図のように、極軌道は、地球を南北方向に周回する軌道である。

省エネ打上げのためには、目標とする極軌道面が射場と交叉するときに、人工衛星の飛ぶ方向に向かって打ち上げればよい。

もし、タイミングが合わなかったら、半日待つ。

そうすれば地球が半周したところ

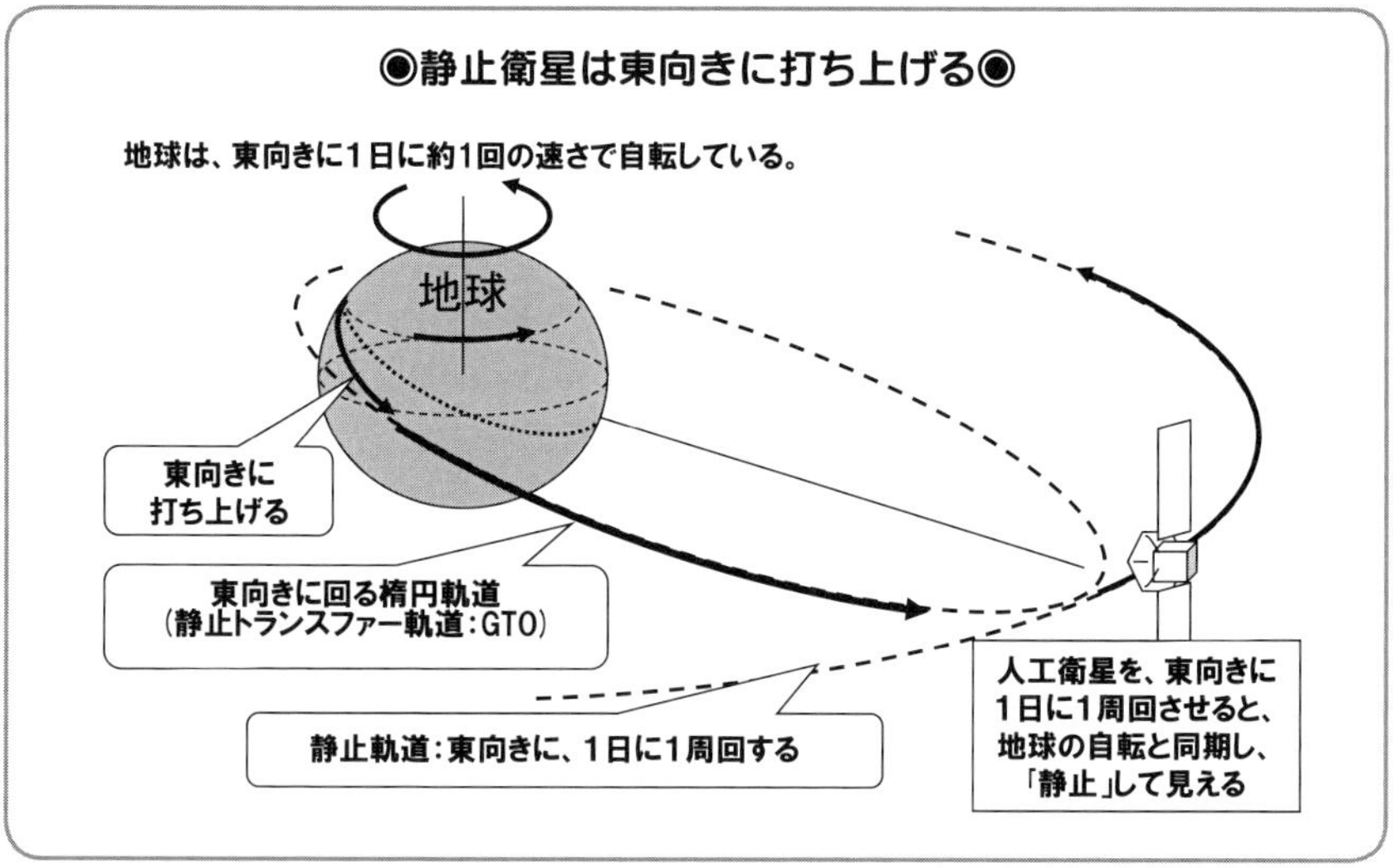
◉静止衛星は東向きに打ち上げる◉
地球は、東向きに1日に約1回の速さで自転している。
地球
東向きに
打ち上げる
東向きに回る楕円軌道
(静止トランスファー軌道:GTO)
人工衛星を、東向きに
1日に1周回させると、
地球の自転と同期し、
「静止」して見える
静止軌道:東向きに、1日に1周回する

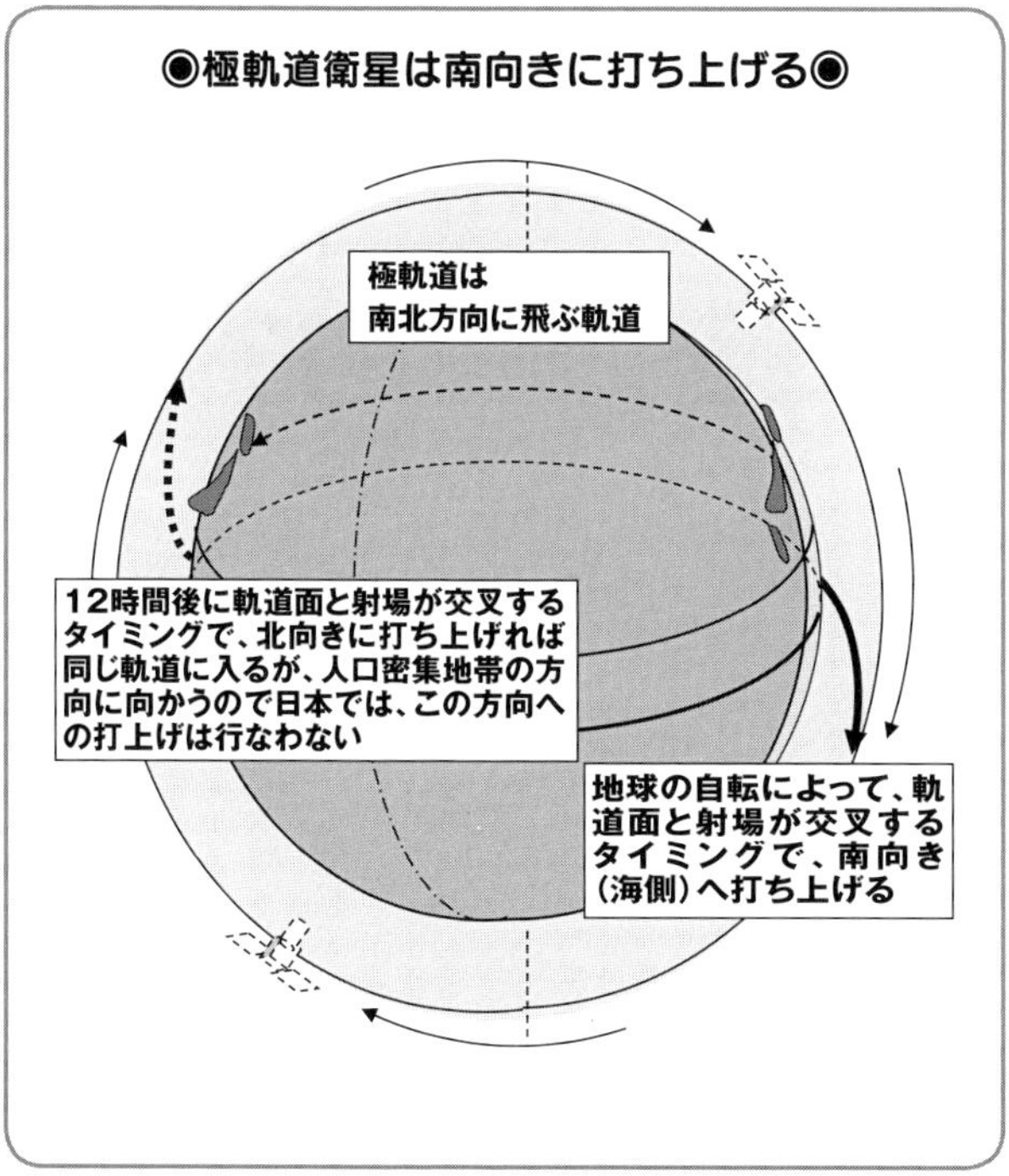
◉極軌道衛星は南向きに打ち上げる◉
極軌道は
南北方向に飛ぶ軌道
12時間後に軌道面と射場が交叉する
タイミングで、北向きに打ち上げれば
同じ軌道に入るが、人口密集地帯の方
向に向かうので日本では、この方向へ
の打上げは行なわない
地球の自転によって、軌
道面と射場が交叉する
タイミングで、南向き
(海側)へ打ち上げる

で、もう一度、目標の軌道面と交叉する。そこで打ち上げる場合は、反対の北向きに打ち上げれば、人工衛星は同じ軌道に入ることができる。

しかし日本の場合、射場の北側は人口密集地なので、安全性を考慮して、常に南側（海側）に向けてロケットを打ち上げている。

人工衛星の軌道は自由自在に決められない!?

人工衛星の軌道には、いくつかの種類がある。たとえば気象観測衛星の「ひまわり」が静止衛星であることは広く知られており、東日本大震災で活躍した「だいち」が極軌道衛星であったことは、すでに述べたとおりだ。では、人工衛星の軌道は、どうやって決められるのだろう。

人工衛星の軌道はミッションに応じて決定される

人工衛星の軌道は、以下のふたつを条件に決められる。

⑴ミッションの目的に合致したものであること。

⑵ミッション期間中の軌道維持の燃料消費が最少となること。

人工衛星の動きは物理法則（ケプラーの法則）に従っていて、それを無視した軌道はつくれない。

マンガやSFのように強力なエンジンを噴射し続ければ宇宙空間を好きなように飛べるだろうが、現実にそんなことをしては、あっという間に燃料が尽きてしまうだろう。

基本的に、地球を周回する人工衛星の軌道運動は、遠心力と地球の引力がバランスして成立する、地球の重心を中心にした回転運動である。

このバランス条件を満たす範囲なら軌道は自由に決められる。

静止軌道は地球から3万6000㎞離れている

たとえば、静止衛星を考えてみると、地上と同じ位置関係を保っているので、一日中見ることができて、とても便利だ。しかし、遠心力と引力とのバランス条件を満たせないので、高度500㎞の静止衛星は設定することができない。

引力は地球の重心に近いほど強い。低い軌道を回り続けるためには強い遠心力が必要になる。強い遠心力を得るためには、早く回転する必要がある。

軌道高度500㎞くらいだと約1時間半で地球を1周する速さが必要になる。回転速度と軌道高度の間には一定の関係があり、高度が低いほど回転速度は速くなり、地球を一周回する時間（周期）は短くなる。地球の自転と同じ周期の軌道にするためには、高度を高くする必要がある。

静止軌道の高度が3万6000kmとなるのは、そうした理由による。

参考のため、左に軌道の高度と速度、回転周期の関係を示しておくので、興味のある方は、計算してみてほしい。

◉静止軌道のつくり方◉

引力と遠心力のバランス条件により

・高度の低い軌道の人工衛星は、速く回転しないと落ちてしまう

　⇒　高度500kmの人工衛星は、1時間半程度で地球を1周する。

・逆に、高度を高くすると、速度は遅く、周期も長くなる

　⇒　どこまで高くすると、地球の自転周期と同じになるのか？

円軌道を周回する人工衛星の速度(V)と周期(T)

速度:v=引力と釣り合う遠心力を出すための速度(km/秒)
周期:T=人工衛星が地球を1周するのに要する時間(秒)

$$V=\sqrt{\frac{GM}{a}} \qquad T=2\pi\sqrt{\frac{a^3}{GM}}$$

a:軌道長半径(km)⇒軌道高度+地球の半径(約6370km)
GM:係数=398600.5(km^3/s^2)

上の右の式で、T=24時間＝8万6400秒となるような、軌道長半径（a）を計算してみよう。

$$86400=2\pi\sqrt{\frac{a^3}{398600.5}}$$

軌道長半径（a）は4万2255km、地球の半径分を引くと、3万5885km（約3万6000km）になる。

他の軌道の高度、速度、周期も参考に示しておく。

	軌道高度（km）	軌道長半径（km）	速度（km/s）	周期（時分）
宇宙ステーション近傍の軌道	400	6770	約7.6	約1時間32分
地球観測衛星の軌道	900	7270	約7.4	約1時間43分
GPS衛星の軌道	2万2000	2万8370	約3.7	約13時間13分
静止軌道	3万6000	4万2370	約3.1	約24時間

［注］地球の自転時間は86161.06秒

COLUMN

宇宙空間の人工衛星。あの中は真空なの?

▶▶高度1万mの上空は大気圧が、わずか0.3気圧

真空の宇宙空間を飛んでいる人工衛星の中は真空だ。もちろん、宇宙ステーションや、ソユーズなど、宇宙飛行士が中に滞在している人工衛星は、もちろん真空ではない。地上と同じ気圧にしている(これを「与圧」という)。

旅客機にポテトチップの袋を未開封のまま持って乗ると、袋が風船のように膨らむ。これは、飛行機の客室の気圧が0.8気圧程度まで下げられているからだ。

ポテトチップは地上(1気圧)でつくり、密封しているので、袋の中は1気圧。飛行機が離陸し、上昇して客室の気圧がだんだん下がると膨れ始める。

ちなみに、大型の旅客機が飛行している高度約1万mあたりの大気圧は0.3気圧くらいだ。

▶▶地上の空気が入ったまま、人工衛星は打ち上げられる

人工衛星は密封していないので、打上げの過程で空気は徐々に逃げていく。

衛星分離の少し前に、フェアリングの開頭を行なうが、これはロケットが完全に宇宙空間(真空)に入ってからである。開頭すると、フェアリング内や人工衛星内に残っていた空気が出る。どんな様子なのだろうか。

イメージとしては、風の強い日に、窓を完全に閉めていないと隙間からピューピュー音がするのと同じで、あちこちで笛が鳴っている感じだろう。ただし、数秒で音はしなくなるはずで、「ボン、ピュー」といったところだ。

最初の「ボン」は、フェアリングが開頭した瞬間のかすかな破裂音。続く「ピュー」が内部の空気が漏れる音だ。

人工衛星の各機器や、MLI(多層断熱材)には、通気穴を開けてある。空気が適度な速さで抜けていくようにするためだ。空気が抜けるルートも、設計段階で、ある程度想定して穴を開けることもある。

MLIは、10枚ほど重ねて周囲を縫いこむので、まさに風船のようなもの。空気穴を開けておかないと、MLIが丸く膨れて、剥がれてしまう。その穴にも工夫がいる。縫ってから開けたのでは、そこから太陽光(熱)が入ってしまう。縫う前に開けて、穴が重ならないようにする。

だが人工衛星の部品のなかには、真空ではないものもある。

たとえば、リアクションホイールやジャイロだ。メーカーや機種にもよるが、容器を密封しているものもある。

また、バッテリーのセルや燃料タンク等の圧力容器類は、当然、真空ではない。ほかにも、封止された電子部品、リレーやスイッチ類、ハイブリッドICなども密封してある。

2章

人工衛星は、どこで、どのように、つくられているの？

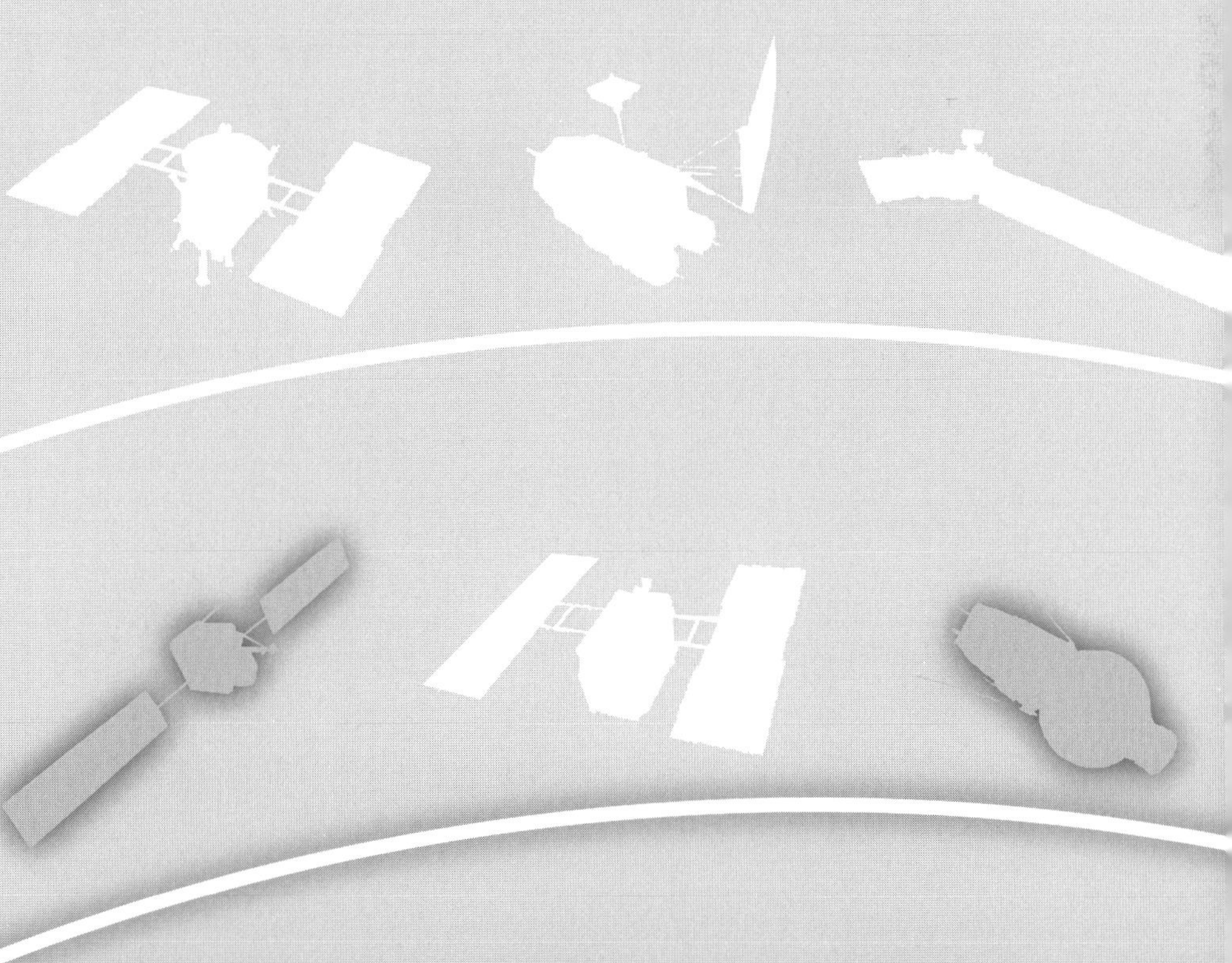

管理の厳しい製造現場。「じつは手作り」にびっくり!?

人工衛星がつくられている工場は秘密のベールで覆われている……というのは少し大げさですが、実際のところ、一般の人が人工衛星の製造現場を目にする機会は、なかなかありません。

工場は治具（製造をサポートする道具）ひとつとってみても、各社のノウハウが、ぎっしり詰まっています。

そのため、工場内に立ち入ることができる人間は厳密に管理されているのです。

たとえメディアの取材でカメラが工場内に入ることがあっても、自由に撮影できるわけではありません。

さて、日本は「ロボット大国」といわれ、産業用ロボットの稼働台数は世界一です。

たとえば、自動車の工場ではロボットの導入が進んでおり、溶接や塗装など、作業はかなりの部分が自動化されています。

では人工衛星の場合はどうでしょうか。

〝最先端技術の結晶〟のようなイメージがある人工衛星ですから、最新式のシステムになっていて、誰もいない工場で、ボタンを押すだけでロボットがつくっている……と考えたら、まったく違います。

むしろその逆で、人工衛星はほとんど〝手作り〟といってもいいでしょう。いまだに手作業によるハンダ付けや、ミシンを使った縫製まで行なわれているのです。

小惑星探査機「はやぶさ」が帰還した後、開発に関わった企業・大学などが国から表彰されました。そのときの100を超える受賞者リストには、大企業だけではなく、多くの中小企業の名前がありました。そのなかには高い技術力をもった〝町工場〟もあり、そこでしか、つくれないような難しい部品などを手がけています。

人工衛星の開発は、そんな〝オールジャパン体制〟で行なわれているのです。

人工衛星の製造を支えているのは、熟練した職人の技です。厚生労働省は1967（昭和42）年度より、卓越した技能者に対して贈る「現代の名工」という表彰制度を実施していますが、NECグループの技術者のなかからも受賞者がたくさん出ています。

人工衛星は、彼らをはじめとする、大勢の優秀な技術者によってつくられています。

究極の〝モノづくり〟といえる人工衛星の〝製造現場〟を紹介していきましょう。

精密機器がギッシリの人工衛星。どんな工場でつくられているの？

NECの人工衛星は東京近郊の工場でつくられている。人工衛星がきわめて繊細な精密機械であることから、工場の内部はたいへん厳しく管理されている。たとえば、チリやホコリの対策はどうなっているのか？温度や湿度はどうなっているのか？

技術力の結晶である人工衛星は「ニッポンのモノづくり」の象徴

NECの人工衛星は、府中事業場（東京都）と相模原事業場（神奈川県）の2か所でつくられている。ともに人工衛星の〝専門工場〟というわけではなく、さまざまな製品が製造されている一角で宇宙関連の事業が進められている。

人工衛星のコンポーネント（搭載機器）は、主に府中事業場で生み出される。ここでつくられたコンポーネントは、人工衛星に組み込まれるために、相模原事業場や他の人工衛星メーカーなどに出荷される。

通信・放送衛星用のトランスポンダ（中継器）、地球センサー、太陽電池パネルなどのように、多数の海外衛星に搭載された実績のあるコンポーネントもある。

人工衛星本体の組立てを行なうのは相模原事業場。各地でつくられた部品や装置が集められ、ここで最終的な人工衛星の姿になっていく。

すべての部品機器が府中事業場でつくられているわけではない。

人工衛星に限らず、「日本のモノづくり」は多くの企業に支えられて成り立っている。優れた技術をもつ中小企業や町工場も、そうした企業にふくまれる。「はやぶさ」では、関わった100社ほどのメーカーが〝はやぶさプロジェクトサポートチーム〟として、国から表彰された。

工場は清浄なだけでなく温度・湿度も管理されている

人工衛星の大敵はチリやホコリなどの小さなゴミ（大きなゴミや汚れなどは論外）。万が一、こういったものがセンサーに付着すれば検知ミスや撮影画像の欠落など、性能に問題が出るおそれがあるし、電子回路をショート（短絡）させたり、コネクターや可動部に挟まると、誤動作や、最悪の場合は破損の原因となる可能性もある。

そのため、人工衛星は工場内の「クリーンルーム」と呼ばれる清浄度や温度・湿度が特別に管理された部屋で製造される。

クリーンルームは、その名のとおり「チリ1つ残さないよう、常に綺麗に掃除された部屋」だが、部屋というより「建物が、まるごとクリーンルーム」というほうが正しい。

クリーンルームの清浄度にはいくつかの規格がある。人工衛星の場合、一例を挙げると、1㎥の空間中に5マイクロメートル以下の粒子が2万9300個以下になるように環境が整えられている。これはJIS（日本工業規格）で「クラス8」とされる清浄度だ。

チリやホコリの一番の供給源になっているのが、じつは人間。そのため、作業者はチリやホコリを出さないように、クリーンルーム内では防塵服・マスク・帽子を着用する。

入口ではエアシャワーを浴びて、付着したゴミを持ち込まないようにしている。クリーンルーム内では鉛筆のようなカスが出る筆記用具の使用は禁止。飲食はもちろん厳禁だ。

温度や湿度も一定になるように管理されている。湿度が下がりすぎると、静電気による放電が起きやすくなる。静電気は電子回路（半導体部品）にダメージを与えるので、細心の注意が必要だ。

基本的に、クリーンルーム内の温度は21〜27℃、湿度は30〜60％に設定されている。

● **人工衛星の製造現場**

防塵服、マスク、帽子を着用した作業者がNEC府中工場の内部で人工衛星の製造に携わっている

人工衛星1機に数万本のケーブル。誰がどうやって配線しているのか

自動車工場といえば、ロボットアームが動き、プレスや塗装、溶接などの作業が自動化されているというイメージがあるだろう。では、人工衛星の工場ではどうなのだろうか？　細かい作業が求められる精密機械はどのようにして形づくられているのだろうか。

人工衛星は極端な少量生産。驚くことに、そのほとんどが手作業

精密で複雑な機械である人工衛星の組立て工程となれば、ロボットによって自動化されていると思われるかもしれない。

しかし、じつは、ほとんどが人間による手作業だ。その作業は、機器の取付けと配線、パネル（人工衛星の外壁を構成する板状の部材）の塗装、太陽電池セルの貼付け（接着）など多岐に渡る。

なぜ、いまだに手作業なのかというと、人工衛星の生産台数が少ないことに理由がある。

製造業において自動化が向いているのは大量生産の場合である。

自動化のためには、まずロボットを導入する必要があり、その動きを制御するプログラムも必要だ。

少なくない初期投資が必要となるが、同じものを大量に製造するので、製品1つあたりのコスト増は抑えられるし、なによりも、自動化によって生産台数が伸びるのは大きなメリットだ。

しかし、人工衛星は年間に数機の受注という小さな市場。しかも、人工衛星ごとに設計が違っているのが当たり前という世界である。

つまり、せっかくロボットを導入しても、毎回、製造ラインを変更したり、プログラムを書き換えたりしないと使えない。

世界初というものも多く、人の知恵が必要な作業も多い。

経験と知識に裏打ちされた、まさに「現代の名工」と呼ばれる業師が集う製造現場で、人工衛星は生まれている。

配線作業はつなぐだけではなく正確につながれているかも確認

人工衛星の内部のさまざまな機器は、電気信号をやりとりするため、ケーブルでつなげられる。

人工衛星1機で使われるケーブルは数万本もあるが、すべて人手で配線する。

配線だけでも大変だが、きちんとつながったかどうかも1本1本チェックしなければならない。とても手間がかかる作業だが、品質と信頼性維持のために省略できない。

ケーブルの太さや長さも、用途に応じてさまざま。長さは10㎝～10ｍくらい、太さは1～5㎜くらいのケーブルが使われることが多い。これらは機器の隙間を縫うように配線される。だが、通せる場所が限られているため、場所によってはケーブルが太い束になり、ヒモや樹脂製の結束バンド等でまとめられる。

機器を先に取り付けてからケーブルを配線すると思うかもしれないが、実際は、その逆で、ケーブルを先にパネルに這わせてから、機器を載せていく。

こうしないと、機器の間が狭くて、後から配線できなくなる場合があるからだ。

接続のためのコネクタは、パソコンでも使われているDサブタイプが多い。

コネクタのピン（端子）は金メッキされている。地上での酸化を防ぐと同時に、抜き差しの繰返しにも耐え、振動環境下でも、接触を確実にするためだ。

一般によく使われる錫《すず》はウィスカと呼ばれるヒゲ状の金属結晶ができやすい。ウィスカは回路がショートする原因となる可能性があるため、宇宙では使用を避けている。

◉Dサブタイプのコネクタ◉

パソコン用

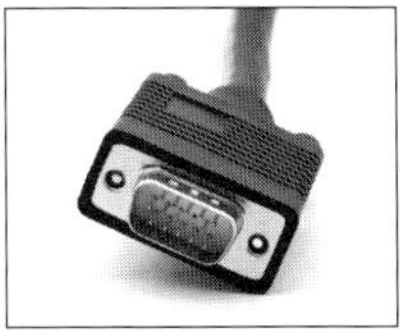

人工衛星用

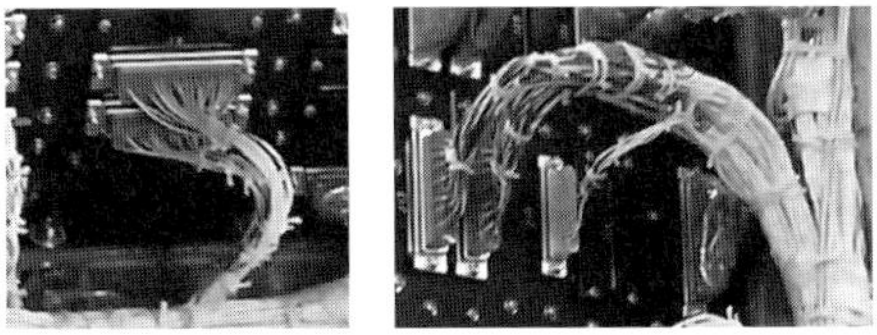

人工衛星で使われるコネクタのピン（端子）は地上での酸化を防ぎ、抜き差しの繰返しや振動環境下でも接触を確実にするため、金メッキされている

なぜボディが箱形だったり円筒形だったりするの？

人工衛星の形は、それぞれに個性的だ。「はやぶさ」のように天使の羽をつけたような四角いボディもあれば、世界初の人工衛星「スプートニク」のように球体にアンテナがついているものもある。なぜ、あれほどのバリエーションがあるのか？

人工衛星は、ミッションごとに1機ずつ設計され、製造される

自動車であれば、乗用車、トラック、バスなどの種類によって「一般的な形」を想像しやすい。だが、人工衛星はそれぞれが個性的で、ユニークな形をしている。

たとえば、ボディは円筒形だったり箱形だったりするし、太陽電池パドルは正方形に近い形だったり、長方形だったりする。さらに、大きなアンテナがついているものもある。

なぜこれほどまでに、ひとつひとつの姿が異なるのか。

それは人工衛星の形が、それぞれの「ミッション（目的）」と深く関わっているためだ。

人工衛星は、まずロケットで軌道上に打ち上げられて初めて、そのミッションを遂行できるようになる。ロケットで打ち上げてもらうために、打上げ用に選んだロケットに適合しなければならない。

大きくふたつの制約がある。ひとつは重さ、もうひとつが寸法である。

人工衛星は、フェアリングと呼ばれるロケットの先端部に収納されて打ち上げられるが、その先端は空気抵抗などを考え、槍の先のような尖った形をしている。次ページに一般的なフェアリングの形を図示したが、人工衛星はこの中に納まるように設計しなければならない。

この形と重さの制約のなかで、最大限のミッション性能を満足できるように人工衛星の形を決めていく。

組立てや試験、射場等への輸送時の分解・組立て等々の作業性も考慮しなければいけない。設計者の腕の見せどころである。

◉フェアリングと人工衛星の形状◉

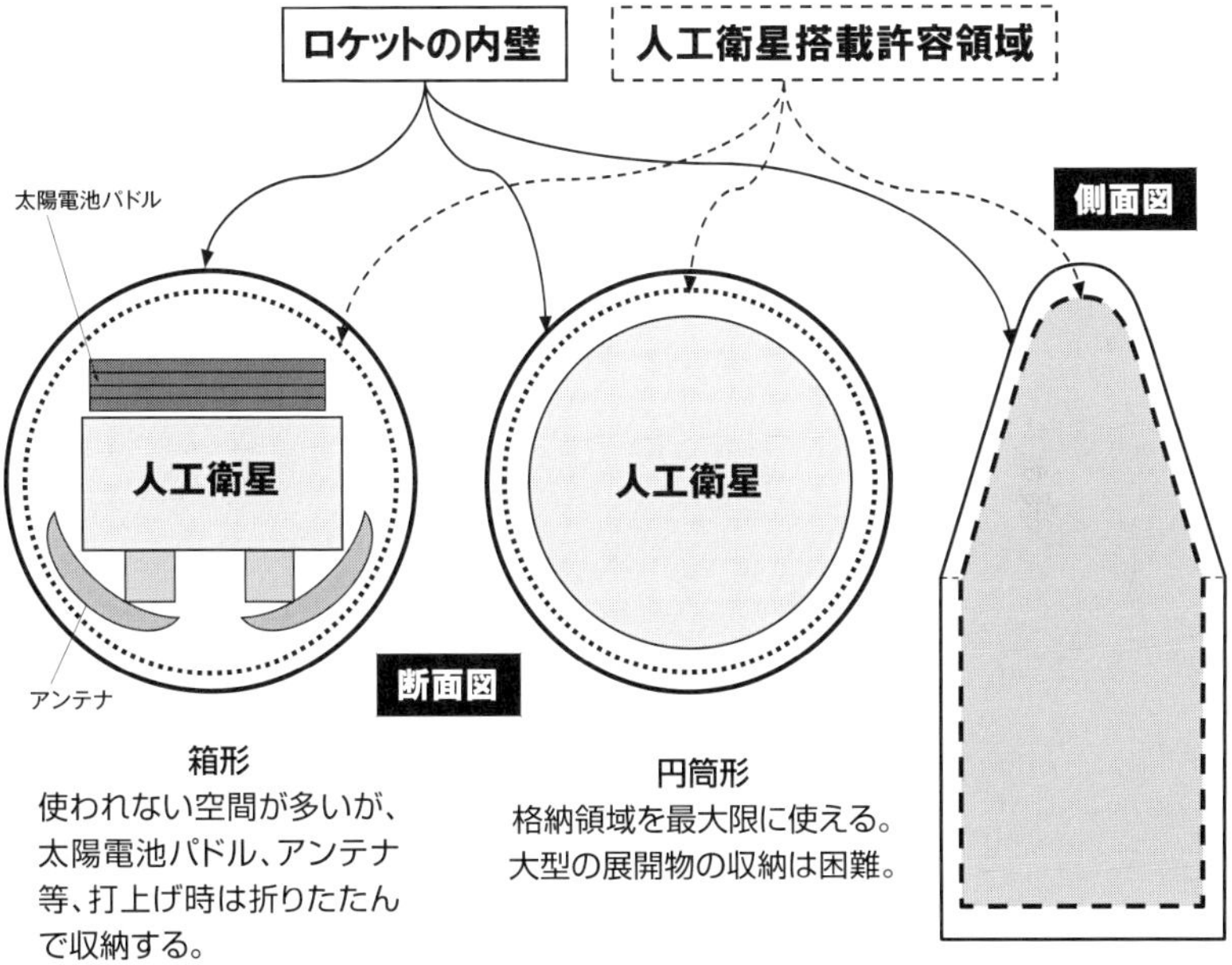

箱形
使われない空間が多いが、太陽電池パドル、アンテナ等、打上げ時は折りたたんで収納する。
大型展開物をたくさん装備できる。

円筒形
格納領域を最大限に使える。
大型の展開物の収納は困難。

ボディの形は人工衛星の姿勢制御方式にも関係する

では具体的に、人工衛星の形にはどんな種類があって、それは何が違うのだろうか。

まず構体（ボディ）の形には、円筒形、多角柱、箱形などの種類がある。その形が決まる理由のひとつは、姿勢制御方式の違いだ。一般的に、軌道上でコマのようにクルクル回っているスピン安定方式の人工衛星は円筒形や多角柱、三軸制御方式の人工衛星は箱形が多い。

ただし、三軸制御方式であっても、人工衛星の容積を最大化するために、円筒形にすることもある。

次に、太陽電池パネルの数。これは人工衛星が必要とする電力によって異なってくる。

パネルの並べ方にも特徴があっ

◉人工衛星のさまざまな形状◉

円筒形の例：気象衛星「ひまわり」／©JAXA

箱形の例：月周回衛星「かぐや」／©JAXA

て、陸域観測技術衛星「だいち」のように片側に一列に並ぶ場合もあれば、超高速インターネット衛星「きずな」のように両サイドに直線的に配置する例もある。

この太陽電池パネルを複数枚使ってミッションごとに組み上げたものを太陽電池パドルという。

太陽電池パドルは、片翼と両翼で何が違うのか。

安全性の面では、両翼のほうが望ましいという考えもある。

太陽電池は人工衛星にとって生命線。打上げ直後、万が一、展開に失敗してしまうと、片翼ならその時点で人工衛星がすべての機能を失う場合もある。

しかし、ミッションによっては、片翼が有利なケースもある。たとえば「だいち」や「かぐや」の場合は搭載センサーのレイアウト上、両翼にはできなかったために、片翼を採用していた。

なお、片翼パドル採用の主な理由は、次のようなものだ。

①太陽光が直接、当たらない方向を、放熱面に使用するため

②大型展開物など、多くのミッション機器を搭載するため

③人工衛星本体や各センサー等の影により、両翼にすると電力発生に不利なため

海外の地球観測衛星「LANDSAT」、「SPOT」シリーズ、「ENVISAT」や、日本初の地球観測衛星「MOS-1」など片翼の人工衛星も多い。

◉人工衛星の「スピン安定方式」と「三軸制御方式」◉

スピン安定方式は、コマのように回転して姿勢を保つ方式である。

コマの運動を見ているとわかるが、バランスがとれたコマを勢いよく回すと、自然と回転軸はまっすぐ立つ。これを応用したのがスピン安定方式である。

1つの軸周りに回転させることで、他の2つの軸の安定性も確保できる。回転力によって得られるジャイロ効果（ジャイロ剛性）を利用した方法で、受動的な姿勢安定方式である。

これに対して三軸制御方式は、X,Y,Zの各軸を個別に制御する方式である。

各軸の制御には、主にリアクションホイールという小さな円盤のようなものを使う方法とスラスタを噴射させる方法があるが、応答性と精度の面で優れたリアクションホイール方式が一般的である。

スピン安定方式に対し、こちらは能動的な姿勢制御方式である。

人工衛星の主要な姿勢制御方式

- **スピン安定方式**
- **三軸制御方式**
  - **バイアスモーメンタム方式**
  - **ゼロモーメンタム方式**

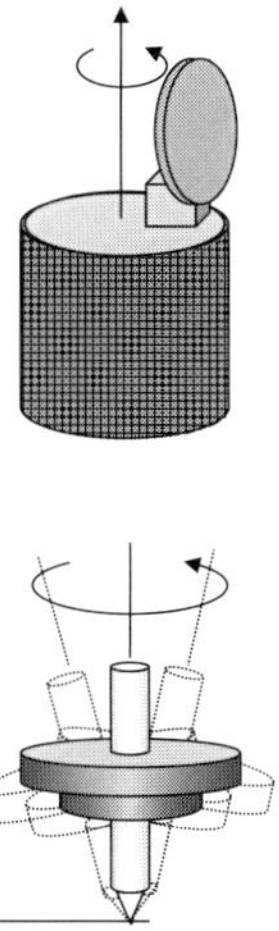

コマの回転運動と同じように、スピン安定効果により、姿勢を安定させる。

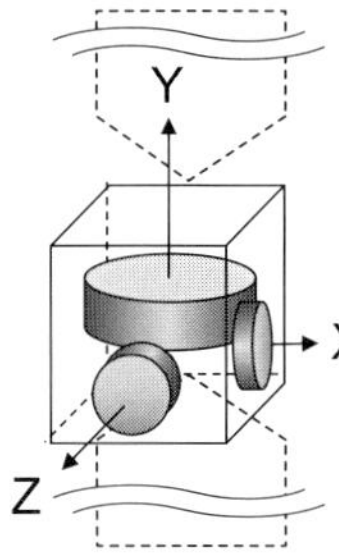

大きなホイール1台と小さなホイール2台で構成。
大きなホイールによるスピン安定を使うのでバイアス方式と呼ばれる。

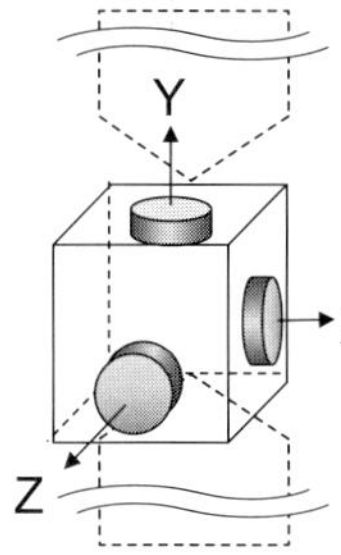

小さなホイール3台で構成。
スピン安定方式は使わず、三軸とも制御するので、ゼロモーメンタム方式と呼ばれる。

「はやぶさ」の太陽電池パドルはどうしてあの形になったの?

人工衛星は、それぞれミッションに合わせて工夫された独特のデザインになっている。「はやぶさ」の場合、太陽電池パドルに重要な意味が隠されていた。それは何か?

安全性を考えて採用されたH型の太陽電池パドル

小惑星探査機「はやぶさ」の外観で、特徴的なのは天使の羽のように「H型」に並んだ太陽電池パネルだ(156ページ参照)。

ほかの人工衛星では、両側に直線上に太陽電池パネルを配置する「I型」が多い。

じつは「H型」は、太陽電池パドルの展開方法が複雑になり、それだけリスクを抱えることになる。

では、「はやぶさ」は、なぜ、あえてH型にしたのか。

その理由のひとつは、小惑星へ着陸する際の安全性だ。

I型にすると、横に長い形状になってしまう。これでは「はやぶさ」が着地の衝撃で傾いてしまったときに、太陽電池パネルの端が地表に接触しやすくなる。太陽電池パネルは探査機の生存に直結する重要な部分であり、破損する危険性はなるべく小さくしたい。H型にはそうしたメリットがある。

物理法則をふまえた「はやぶさ」の設計思想

もうひとつの理由が、物理的な安定性だ。「はやぶさ」の形をぱっと見たときに、なんとなくコマのように回せそうな気がしないだろうか。その印象は正しい。

物体には「慣性モーメント」という物理量がある。これは回りにくさ、回りやすさを表わし、小さいと回りやすく、大きいと回りにくい。

長い竿を立てて回すのは簡単だが、横に振るように回すのには力がいる。

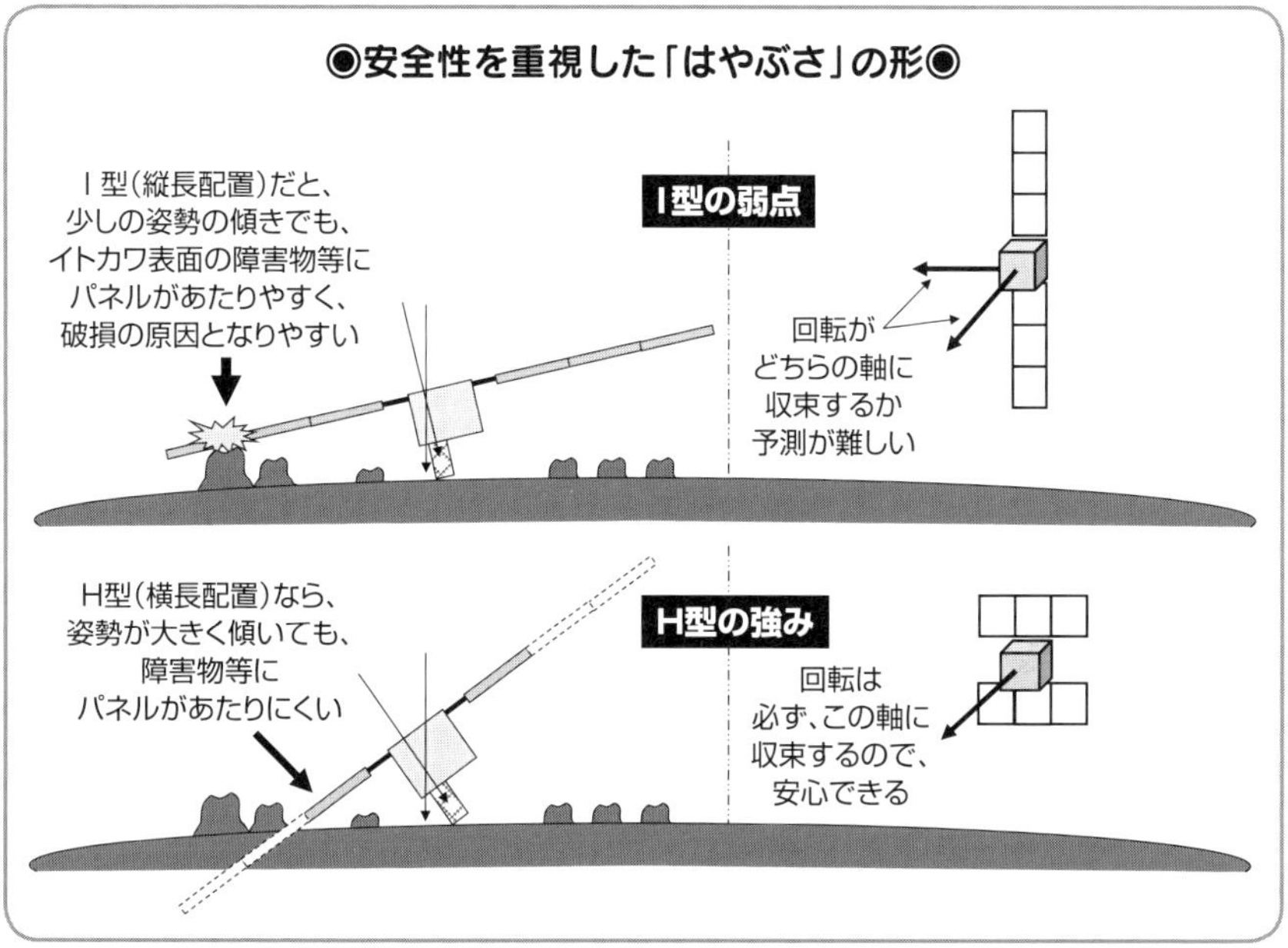
◉安全性を重視した「はやぶさ」の形◉
Ｉ型（縦長配置）だと、
少しの姿勢の傾きでも、
イトカワ表面の障害物等に
パネルがあたりやすく、
破損の原因となりやすい
Ｉ型の弱点
回転が
どちらの軸に
収束するか
予測が難しい
H型（横長配置）なら、
姿勢が大きく傾いても、
障害物等に
パネルがあたりにくい
H型の強み
回転は
必ず、この軸に
収束するので、
安心できる

このように慣性モーメントが大きいと回しにくいが、回転運動は慣性モーメントが大きい軸に収束するという性質がある。

「はやぶさ」でもこの性質を考慮し、万が一、異常な回転が起こっても、いずれは、太陽電池パドルに垂直な軸周りに回転が収束するよう、太陽電池パネルの配置をH型にしたというわけだ。

開発者の目論見どおり回転が収束し、復活

「はやぶさ」は、小惑星イトカワへの2回目の着陸を敢行したあと、2005年12月8日に燃料漏れが発生し、その後、消息を絶った。

吹き出したガスにより、姿勢が制御できなくなり、ランダムな回転に陥ったからだ。

しかし、このとき、天使の羽のような「H型」の形が、この危機を救った。開発者の目論見どおり、回転は、特定の軸回りに収束し、太陽電池に安定して光が当たるようになると、「はやぶさ」は自動的に再起動し、地上との通信を回復。無事にミッションを遂行し、イトカワのかけらを収納したカプセルは、2010年6月13日、地球に帰還した。

そもそも人工衛星の中はどんな構造なのか

人工衛星を外側から見ると、四角い箱だったり、円筒形だったりする。だが、一般の人が、その中を目にすることは、ほとんどない。人工衛星の中は、どのような構造になっているのだろうか。何か特別な構造になっているのだろうか。

打上げ時の荷重や振動に耐え搭載した電子機器を守る構体

人工衛星のボディは「構体」と呼ばれる。家にたとえるなら、一戸建ての基礎、柱、梁、さらに、床、天井、壁などに相当する。

電子機器は設備や家具で、屋外にアンテナがあり、屋根に太陽電池を想像するのもいいだろう。

当然、建屋では、人の動線や出入り、家具の出入れなどを考え、入口を設け、部屋割りをする。家族が多いからとか、家具が多いからといって、好きなだけ大きな家を設計するわけにはいかない。

家を建設する予定の土地の広さ、建蔽率・容積率といった規定に準拠してサイズを決める。人工衛星も同じである。

打上げに使用するロケットのフェアリング（人工衛星を搭載するロケット先端部分）の寸法や、ロケットが打上げ可能な重量を考慮してサイズを決めていく。

一般家屋の場合、採光や風通しを考え、夏は涼しく、冬は暖かくすることも考える。また、地震や台風に耐えるように、梁や柱・壁を頑丈にし、設備・家具を固定し、支える。人工衛星の設計もこれに似ている。

人工衛星では、壁や天井や床を構成する板を「パネル」と呼び、軽くて丈夫な、ハニカム構造（144ページ参照）が使われている。

構体は人工衛星の最も基本となるものであり、この構体の内部には人工衛星を動作させるための、さまざまな電子機器類を、外部にはアンテナや太陽電池パドルなどを取り付けて、人工衛星が形作られる。

構体の最も重要な役割が、打上げ時にかかる荷重に耐えて、人工衛星の形状を維持することだ。

ハーネス（いわゆる電線や信号線）や燃料配管、電子機器類、とくに取付け位置がズレたりすると人工衛星の性能に多大な影響を及ぼすアンテナや各種センサー、エンジンなどの厳しいアライメント（取付け精度）も維持できなければならない。

人工衛星が地球を周回しているときは引力と遠心力が釣り合った状態であり、構体にかかる力は地上よりも小さい。宇宙でだけなら、構体にはそれほどの強度は必要ない。

だが、ロケットで打ち上げられるときには、打上げ時の加速度により地上の数倍の重力がかかる。

さらに、ロケットの振動による荷重も加わるので構体にかかる荷重は地上の10倍以上になることもある。構体はこれに耐えて、搭載機器を確実に保持し続けなければならない。

代表的な構造方式は「パネル支持」と「中央円筒支持」

構体の主構造方式としては、「パネル支持構造」と「中央円筒支持構造」が代表的だ。

パネル支持構造は、内部にシアパネルと呼ばれる板があり、それをたとえば、左上の図に示したように、「井桁」に組み合わせて強度を高めている。

月周回衛星「かぐや」では、この構造方式が採用された。ほかにも、「十字」型、「三ツ矢」型などがあ

◉「パネル支持構造」の例◉

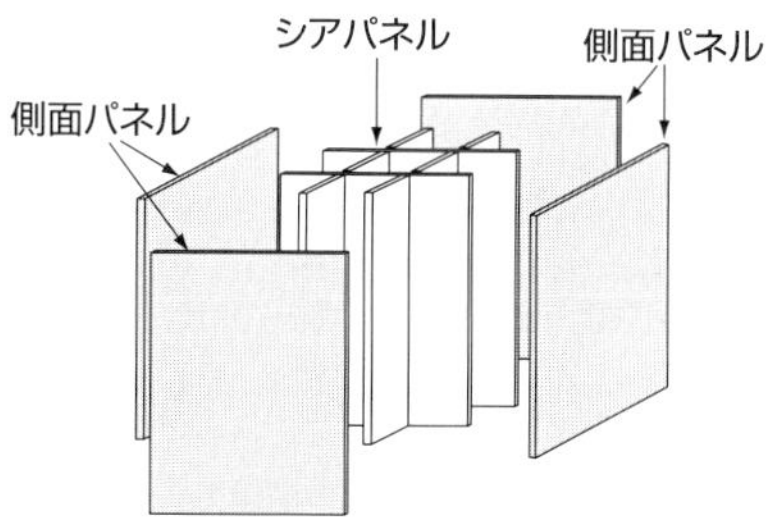

月周回衛星「かぐや」が代表

◉「中央円筒支持構造」の例◉

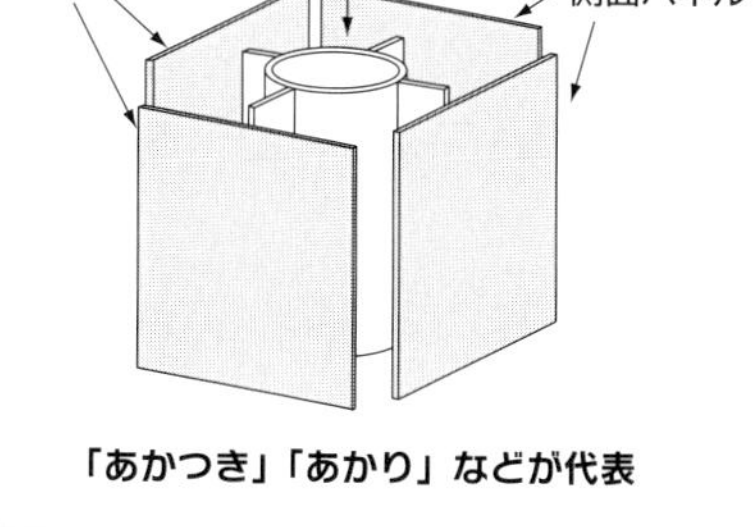

「あかつき」「あかり」などが代表

る。人工衛星が受ける荷重の大きさ、搭載する機器のサイズや台数なども考慮し、軽量で強い構体とするために最良の形が選ばれる。

一方、中央円筒支持構造は、中央シリンダーという円筒形の柱があって、これが荷重を支える。円筒の中のスペースには、燃料タンクなどが入ることが多い。

打上げ時には、垂直方向の荷重だけではなく、あらゆる方向からの激しい振動も加わる。こういった振動に耐えられる強度も求められる。

また、軌道上においては、強烈な温度差により、熱歪《ねつひず》みを生じる。つまり、わずかではあるが、温度差で伸びたり縮んだりする。

ところが、このわずかな変化がアンテナやセンサーの指向性に大きな影響を及ぼすので、こうした歪みを極力小さくすることも求められる。

組立ての順番を考慮したり、試験時や輸送時の吊下げ等のことも考慮したり、構体の設計には、意外なところに、細かな配慮が求められる。

構体の役割はさまざま 放射線やデブリを防ぐ役目も

構体のもうひとつの役割は、装置を固定しておくことだ。

打上げ時の振動環境に耐えるために、装置をガッチリとパネルに固定して、動かないようにしなければならない。

そのパネルには、位置によって名前がつけられている。人工衛星のタイプによって、呼び方が変わってくるが、たとえば構体が箱形なら基準となる座標系（X、Y、Z）を決めて、各6面をプラスX、マイナスX、プラスY、マイナスY、プラスZ、マイナスZと呼ぶこともある。

地上に置いた状態で、上面をアッパーデッキ（パネル）、下側をロワーデッキ（パネル）と呼んだり、静止衛星では、軌道上の状態をベースに、東西南北を用いたりすることもある。静止衛星は、地上に対し、常に同じ位置と姿勢の関係を維持しているので、地上の基準で名前をつけたほうがイメージしやすいからだ。

また、家の屋根や壁が中に住んでいる人を雨や風から守ってくれるように、人工衛星の構体は、宇宙を飛んでいるゴミやチリなどのデブリや宇宙の放射線から、内部に搭載している電子機器や電子部品を守る役割の一助ともなる。

さらに、人工衛星の温度を制御する熱制御系と協力し、内部に搭載した機器が出した熱をパネルを通じて宇宙に排熱し、機器の温度を適正に保つ役割の一部も果たす。

◉人工衛星のパネルのそれぞれの呼び方◉

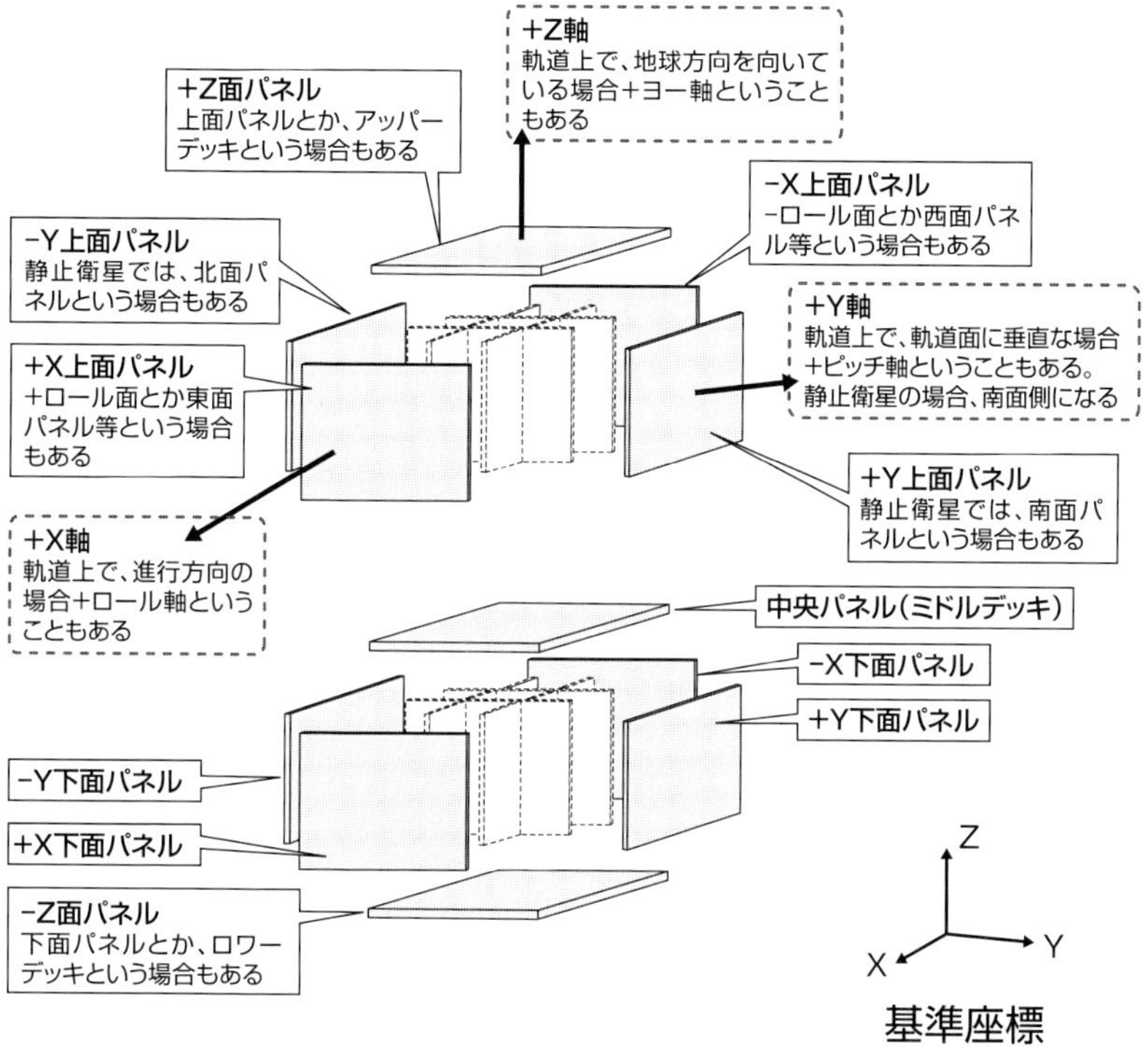

計装系との協力も構体を設計するうえで忘れてはならない。

計装系は、人工衛星に搭載される機器を電気的につなぐハーネスや、各種センサーやアンテナを構体に固定する支持構造などのほか、地上試験専用の膨大な量のハーネスや、人工衛星を吊ったり、傾けたり、輸送したり、分解・組立てしたりする際の補助部材等の設計も行なう。

たとえば、電気ハーネスは、構体のどこを通せば、着脱のアクセス性を良くし、かつ軽量化できるか？　吊り具をどこにつければ作業性が上がるか？　といった、さまざまな場面のさまざまな要求を考慮しながら、軽くて、しかも丈夫な構体がつくられていく。

構体は、打上げ時の荷重だけでなく、システム設計の成否という重たい責任も担っている。

人工衛星はどんな材料でつくるの？宇宙では使えない材料もあるのか

地球環境とは異なる宇宙空間で長期間ミッションを遂行する人工衛星には、何か特別な材料が使われているのだろうか。また、宇宙空間で使うことができない材料もあるのだろうか。

真空、放射線、軽量化要求…。宇宙環境に合わせた材料を選択

人工衛星の〝材料〟として代表的なのがアルミニウム合金。

1円玉でもおなじみのアルミニウムは、鉄よりも軽い金属。軽量化が求められる人工衛星にとって、欠かせない存在だ。機器の筐体《きょうたい》、構体パネルなど、幅広く利用されている。

ハニカムパネル（144ページ参照）は、さらに軽量で強度も強いCFRP（炭素繊維強化プラスチック）が使われることも多い。

強度や剛性が必要とされる部分では、比較的重いものの、鉄を主成分とするスチール系の素材（ステンレス鋼など）もよく利用される。

軽量で強度が高いことから、チタン合金もよく利用される材料だ。

チタンはゴルフクラブなどにも利用される素材だが、「熱による膨張が小さい」という特性をもつ。人工衛星では、この特性を活かしてアンテナ支持部など、軌道上での熱歪《ねつひず》みの低減が必要な部分で使われることもある。

人工衛星は日向側と日陰側で温度変化が100℃以上もあり、伸び縮みしやすいアルミニウムでは、マイクロメートル単位で精度を合わせるのは難しいからだ。

金属どうしが接触していると電気が流れ、腐食する危険がある

地上で金属（とくに鉄）を使う場合は、錆による腐食を考慮する必要がある。

それに対して宇宙空間では錆の生成に必要な水分や酸素がないために、基本的に心配は無用だが、「応

力腐食割れ」と「異種金属接触腐食」と呼ばれる現象については、充分な対策がとられている。

「応力腐食割れ」は、金属表面の微小な傷から亀裂が進展し、破壊につながる現象である。材料の種類や熱処理によって、応力腐食割れに対する耐性を評価したデータベースがあり、そのなかから適切な材料を選定して適用している。

「異種金属接触腐食」というのは、イオン化傾向の異なる2種類の金属を接触させた状態で腐食環境にさらすと、金属間に電流が流れ、腐食が局所的かつ加速度的に進行する現象のことである。

とくに相性が悪い金属の組合せの場合、強度劣化に至るおそれがある。やむを得ず、このような組合せの金属を接触させて使うときには、酸化膜などの表面処理によって直接の接触を避けたり、接触部分をコーティングで保護することによって水分などの腐食環境から保護するなどの対策がとられている。

ゴムやプラスチックは地上のようには使えない

真空、高熱、放射線といった宇宙環境に耐えられる素材であることが、人工衛星で使うためには必要になる。

たとえば、地上では、ゴムやプラスチックなど樹脂系の材料が幅広く利用されているが、宇宙では安易には使えない。「アウトガス」と呼ばれる問題があるからだ。

「アウトガス」といってもピンとこないかもしれない。ゴム、プラスチック等の有機系の材料は真空環境下で高温にさらされると「ガス」を発生する。これを「アウトガス」と呼んでいる。

このガスは有機物であるため、人工衛星内で放電を誘発したり、噴出して人工衛星周辺に広がり、それが温度の低いところに付着すると再び固まってしまったりする。そして、付着したまま太陽の光にさらされると変色する。太陽電池パネルや、MLI（多層断熱材）、放熱面、あるいはセンサーのレンズ等に付着し変色すると、発生電力が低下したり、熱が逃げなくなったり、観測ができなくなってしまうのだ。

また技術的な理由以外で使えないものもある。

たとえば海外の探査機などでは、電力を得るためにプルトニウムを搭載する場合もあるが、打上げ失敗時の環境汚染に対する懸念があり、日本ではこのような放射性物質は使っていない。

意外!? 「ミシン」が使われている!人工衛星の製造現場で

ミシンといえば洋服をつくるための道具で、人工衛星の製造とは何も関係がなさそうに見える。だが、人工衛星の「ある部分」をつくるためには必要で、工場の中にはミシンが置いてあるのだ。どのように使われているのだろうか。

厳しい熱環境から搭載機器を守るMLI(多層断熱材)は手作り

宇宙空間で人工衛星は日向側は100℃以上、日陰側はマイナス100℃以下にもなる環境にさらされる。

そのため、厳しい熱環境から搭載機器を保護するために、「MLI(エム・エル・アイ)」と呼ばれる多層断熱材で周囲を覆っている。

人が、暑さ(太陽光)や寒さから身を守るために着る衣服に似ているが、そのつくり方も似ている。

MLIを真四角のような単純な形につくるのであれば簡単だ。

しかし、実際の人工衛星は複雑な形をしていることに加えて、放熱面などのために特定の場所に穴を開ける必要が生じることもある。

しかも、人工衛星は一品モノのために、こうしたパターンは毎回変わるので自動化もできない。〝人工衛星の服〟はプレタポルテではなくて、すべてオーダーメイドというわけだ。

そのために、MLIはひとつひとつが手作りになる。

〝人工衛星の服〟は型紙をもとに裁断され、ミシンで縫われる

MLIも衣服と同じように、型紙がつくられ、そのパターンに合わせてハサミでフィルムを切り出し、それを10枚程度重ねて周囲を縫い上げていく。

もちろん、糸もフィルムも宇宙用の素材だが、型紙を布にあてて裁断し、それをミシンで縫い上げていくという作り方は、まるで人間の服をつくる仕事のようだ。

製造過程で使われるだけでなく　マジックテープは宇宙まで行く

さらに意外なのは、MLIの人工衛星側面への取付け方。

なんと、「面ファスナー（いわゆるマジックテープ）」が使われているのだ。

なぜ接着剤ではないのか。

じつは、人工衛星の側面パネルは試験などの際に取り外す必要があり、そのたびにMLIも剥がすことになる。

もし接着してしまったら、取外しは大変な作業となる。

また、接着剤だと宇宙に行ってから、繰返し、さらされる高温と低温が原因で剥離する恐れもある。

マジックテープであれば、手で剥がすことが容易だし、なおかつ、剥がそうという力が加わらなければ、剥がれにくい。

シンプルな仕組みであると同時に、ほかの方法（たとえば磁石など）よりも軽くできるので、人工衛星に最適なのだ。

もちろん、民生用とは違って難燃性の素材が使われている。

じつは、アポロ計画の時代から使われている実績があって、宇宙ではとても一般的な素材である。

マジックテープは国際宇宙ステーション内の壁面にも貼られていて、宇宙飛行士が使う筆記用具類や実験用のいろいろな道具がフワフワ浮かないように固定することにも利用されている。

●ＭＬＩの縫製作業

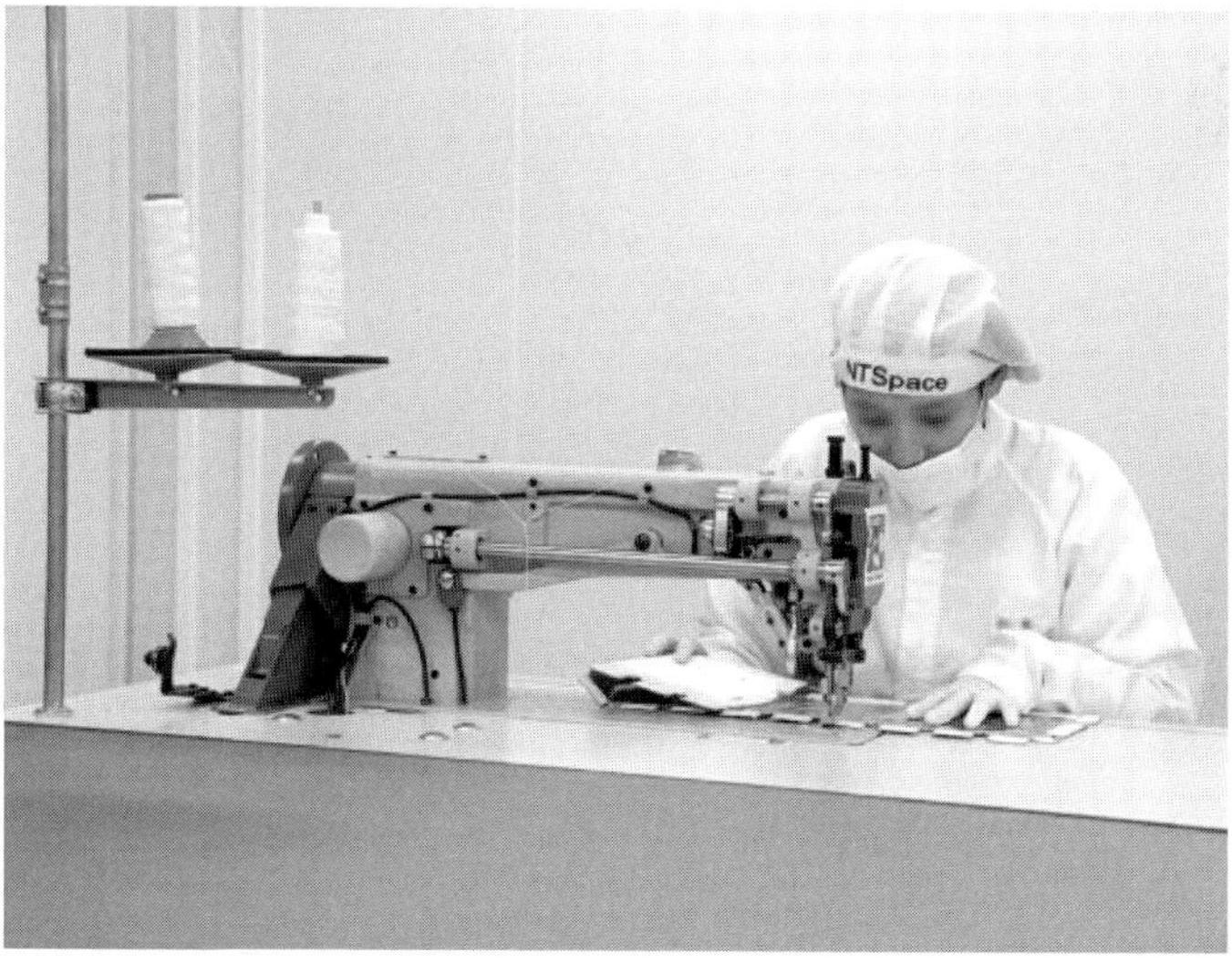

人工衛星の"衣服"であるＭＬＩ（多層断熱材）はミシンで縫われている

いまでもハンダごてを使った手作業が行なわれているワケ

電子部品を基板に固定するためにハンダという合金が使われている。最先端の科学技術を誇る人工衛星においても「ハンダ付け」は利用されている。ある程度、自動化されてはいるが、手作業によるハンダ付けも、いまだに行なわれている。なぜ、人手に頼っているのか。

ピン同士の間隔はわずか0・5㎜ プロ中のプロのスゴいワザ

抵抗・コンデンサ・ICチップなどの電子部品を基板に固定し、端子と回路を接続するのがハンダ付けの目的である。

一般の電子機器では、機械で一気に処理できる「フロー」「リフロー」などの方式が利用されることが多く、職人がハンダごてを持って1つ1つジュッとつなげていく風景は過去のものとなりつつある。しかし、人工衛星の製造現場では、この方法がいまだに〝現役〟だ。

ハンダ付けの作業は典型的な職人芸。市販の電子工作キットのようなものだとピン同士の間隔（ピッチ）は2・54㎜が基本となっているが、人工衛星の電子回路で使われるQFP（クワッド・フラット・パッケージ=四辺からピンが出ているタイプのIC）のピン間隔はたったの0・5㎜。1つのQFPで300ピン以上もあるが、ベテラン作業者になると、これを1時間ほどで正確にハンダ付けしてしまう。

抵抗やコンデンサには、一般的な瓢箪型や円筒型以外に、携帯電話などでも使われる極小部品がある。米粒以下という小ささで、ピンセットを使わないと扱えないが、こんなサイズでも人工衛星の作業者は難なくハンダ付けしてしまう。

人工衛星にとって一番大切なのは、高い信頼性と品質である。

打上げ時の加速度や振動、ロケットからの分離時等の衝撃、宇宙空間での過酷な温度差と長期の熱サイクル等の環境に耐える必要がある。

不充分なハンダ付けだと、ハンダ

接続部に亀裂が入り、切断にいたることもある。

ハンダ付け作業は、誰もができる作業ではない。トレーニングを受け、厳しい認定試験をパスした作業者だけがハンダ付けを担当する。20年以上の経験をもつベテランも多く、何年もの経験を通してやっとQFPも扱えるようになるのだ。

リフローと呼ばれる「自動化」されたハンダ付けもある

なぜハンダ付けを機械で自動化しないのか。それには大きくふたつの理由がある。

ひとつは、すでにふれたとおり、生産数が少ないことだ。

人工衛星のような、年に数機という「製品」では、自動化のためのコストのほうが、自動化で抑えられるコストよりも大きくなってしまう。

ただし、1枚の基板の中に、部品が数千点もあるような場合には、一品モノでも、機械を使うほうが速い。

その場合は、主にリフローという手法を使う。

リフローでは、ハンダ付けが必要な部分にクリームハンダ（柔らかいペースト状のハンダ）のパターンを印刷し、その上に部品を配置。そのまま加熱炉に入れてハンダを溶かすので、一挙にすべての部品のハンダ付けが終わる。

基板上への部品配置には、入力されたデータに基づいて自動的に配置する「マウンタ」という装置を使う。

自動化で作業時間が短縮されても、部品のデータを入力するのに時間がかかったら意味がないが、現在は設計データを製造工程でも利用するのが一般的になっており、入力の手間はかからない。

マウンタで必要となる各部品の位置座標もCADデータ（どの部品がプリント板のどこにあるという座標数値データ）を使えるので手間をかけずに自動化できる。

ただし、その場合でも、高い信頼性を確保するために厳しい製造条件の確立作業を行なっている。

もうひとつの理由は、自動化が難しい工程があることだ。

たとえばQFPのハンダ付けは、すべて人手で行なっているが、人工衛星の場合は、打上げ時の振動と、熱による伸縮を吸収するために、ICのピンは、一般部品より大きめのS字型に曲げて、かなり長い状態で、基板にハンダ付けされる。これを「ストレスリリーフ」と呼ぶ。

そのため、ピンのバラツキが大きくなって、機械で扱うのが難しくなってしまうのだ。

製造工場から打上げ場所まで人工衛星がたどるルートは？

人工衛星はロケットの射場から遠く離れた場所で製造されている。では製造工場を出てから射場に到着するまで、人工衛星はどのような道のりを経ることになるのだろうか。じつは、遥かなる宇宙に旅立つ前に「1000㎞にも及ぶ陸路と海路の旅」を経験している。

特殊なトレーラーで試験のための施設に陸送

NECがJAXA向けに開発した人工衛星は、まずJAXAの筑波宇宙センター（茨城県つくば市）か相模原キャンパス（神奈川県相模原市）に送られ、各種試験が行なわれる。

このときの輸送は陸路をとる。人工衛星を専用のコンテナに入れ、振動が小さくなるように工夫された特殊なトレーラーに載せて運ばれる。

小型衛星（重さは500kg程度）であれば、まるごとコンテナに入れて輸送できるが、陸域観測技術衛星「だいち」のような、数トンクラスの大型衛星になると、バス部、ミッション部、太陽電池パドルなど、3つ～4つ程度に分割して運ばれる。

道路交通法の遵守、出入り口や経路での高さ制限などや輸送時の安全性といったことを考慮して、適切な数量に分割して輸送される。

そのため、設計時には、輸送時にどう分割して運ぶかということまで考慮する必要がある。

ロケットの打上げ場所まで船で運ばれる人工衛星

試験が終了すると、次はいよいよ射場（ロケットを打ち上げる場所）への輸送だ。

ここでは、筑波宇宙センターから種子島宇宙センターへの輸送を例にして、話を進めよう。

種子島までの輸送は、基本的に海路。人工衛星を入れたコンテナは港までトレーラーで運ばれ、フェリーに積み替えられる。

通常は定期航路フェリーを利用す

る。輸送コストを抑えるためだ。

また、種子島の港に着岸できる船の排水量に制限があるため、輸送ルートも、種子島まで直送する場合と、鹿児島まで大型フェリーで輸送し、積み替える場合がある。

● 人工衛星の輸送

人工衛星はコンテナで射場に運ばれる／写真提供：岩瀬運輸機工

輸送時期に使用できる定期フェリー便と積載状態の安全性等を考慮し、ルートを決める。

月周回衛星「かぐや」では、乗り換えるルートが採用された。

超高速インターネット衛星「きずな」は、種子島の港に着岸できる排水量のフェリーで直接運んだ。

鹿児島まで陸路を使わないのは、遠すぎて時間がかかるためだ。

人工衛星を運んでいるときは、なるべく振動を与えたくないので、スピードは出せない。

加速度センサーを搭載して常時モニタリングするほどだ。

通れる道路や時間帯も限られるなど、さまざまな制約もあり、海路よりコストも時間もかかってしまう。

酸化や湿気を防ぐために コンテナの内部は窒素100％

輸送中に、人工衛星の機器の性能が劣化しないよう、環境の維持にも細心の注意が払われる。

コンテナ内は、窒素100％にする。酸素がなくなるので、錆などの酸化作用が進行することがない。また湿気の心配もいらなくなる。窒素を使っているのは、比較的安全で、価格も安いからだ。

温度もエアコンで管理されている。温度条件は人工衛星に搭載されるミッション機器によっても異なるが、概ね40℃以下になるよう設定されることが多い。

なぜ、打上げの直前まで人工衛星は試験が続くのか

人工衛星が射場に到着してから打ち上げられるまでは、どんな手順になっているのだろうか。人工衛星は、いつ、どのようにして、ロケットに載せられているのだろうか。また、人工衛星は、打上げの直前まで試験と確認が繰り返されている。それはなぜか?

打上げ時の姿になるまで何度も繰り返される確認作業

種子島宇宙センターに到着する と、人工衛星は「衛星組立棟」と呼ばれる建物に搬入される。コンテナを開け、人工衛星を取り出し、外観に異常がないかを確認する。

輸送のため分割していた場合は、各要素ごとに、外観チェック、必要に応じて電気的なチェックが行なわれ、健全性（問題が生じていないこと）を確認し、順次、打上げ時の姿へ組み上げられていく。

人工衛星が打上げ時の姿になったら、各種試験で機能を確認、人工衛星が正常かどうかをチェックする。

続いて、地上通信設備との通信が問題なく行なえるかを確認する。

もちろん、これまでも通信機能の試験は行なっているが、本番用の設備との間に問題がないことを最終確認する必要があるためだ。

さらに打上げ当日のリハーサルを実施。打上げ約12時間前から打上げ（カウントダウン0《ゼロ》）までの手順などを確認してから、「衛星フェアリング組立棟」へ移動する。

フェアリングへの格納は細心の注意が必要

ロケットの先端についているカバーが「衛星フェアリング」だ。「衛星フェアリング組立棟」では、人工衛星をフェアリングに格納するまでの作業を実施する。

まずは太陽電池パドルの展開などに使う火薬等の取付け。

次に、姿勢制御や軌道制御に必要となる燃料と酸化剤をそれぞれのタンクに入れ、これらを加圧するため

の高圧ガスも充填する。

これが終わると、ロケットとの結合部となる「衛星分離部」に人工衛星を載せる作業になる。

だが、その前に、ここでまた機能の確認。しつこいようだが、作業によって、人工衛星に何らかのトラブルが起きている可能性もあるため、ひとつの作業が完了するたびに確認するのだ。

月周回衛星「かぐや」がロケットの先端部分（フェアリング）に収納される様子／©JAXA

「衛星分離部」に人工衛星が結合されたら、あとは、フェアリングに格納して作業完了。人工衛星の大きさや形状によっては、フェアリング内部との隙間は数cmしかない場合もあり、細心の注意が必要な作業だ。

フェアリングの内側には構造上の凹凸があるため、フェアリングを上からかぶせるときには、出っ張りが人工衛星に当たらないように、フェアリングを少し降ろしては回転させるといったように、ぶつかるのをうまく回避する繊細な作業が要求されることもある。

そんなテクニックも駆使しながら、フェアリングへの格納が完了すれば、ロケットの最上部はできあがりだ。

作業のために開けられているフェアリングのアクセスドア

次はいよいよ、H-ⅡAロケットが待つ「大型ロケット組立棟（VAB）」へと移動する。これまでは、人工衛星側とロケット側で別々に作業を行なってきたが、ここでようやく、1つのロケットとして完成する。

この時点までに、ロケット側は第1段、第2段の結合が完了し、大型ロケット組立棟の中で立った状態でスタンバイしている。「衛星フェアリング」はクレーンを使って、上からロケットの先端に降ろされ、そこで結合される。

すでに人工衛星はフェアリングの中に格納されている。

だが、じつはこの段階でも、まだ人工衛星に関する作業がある。機械的な安全装置を外したり、フェアリング内部に窒素を送り込むホースを抜いたりする作業である。

フェアリングには、そういった作業を行なうための穴が開けられている。これらの穴は「アクセスドア」と呼ばれる。射場に出たロケットをよく見ると、フェアリングのあちこちに直径60㎝程度の丸い模様があることに気がつくだろう。これが、その穴をふさいだ跡だ。

穴の位置や数は人工衛星によって異なる。月周回衛星「かぐや」は搭載するミッションセンサーの清浄度や湿度要求が厳しく、搭載位置も離れていたため、フェアリングに開けた穴の数は日本のロケットでは最大の数（8か所）となった。一般的には、2～4か所程度である。

場合によっては、この穴から作業員が入って作業することもある。

足場がないと作業が難しいため、そういったときはサーフボードのような板を穴から入れて、作業員はその上に乗っての作業となる。

すべての準備が整ったら、穴は最後に同じサイズのカバーをかぶせ、ネジ止めをしてふさがれる。

打上げの直前までバッテリーは充電されている

打上げの12時間ほど前になると、大型ロケット組立棟の扉が開いて、ロケットがついに姿を現わす。完成したロケットが外部から見えるのはこれが初めてだ。

ロケットは移動発射台（ML）に載っており、30分ほどかけてゆっくり射点へ移動する。

この段階になっても、まだ人工衛星のための作業は残っている。

ロケットは「アンビリカルケーブル」で地上とつながっており、それを経由して人工衛星の状態は常に確認されている。

「アンビリカル」というのは、「臍《へそ》の緒《お》」という意味で、人工衛星は誕生（＝ロケット打上げ）まで、母なる地球と臍の緒で結ばれているというわけだ。

アンビリカルケーブルは、ロケットが上昇すると、その力で外れるようになっている。

また、バッテリーは、打上げの約

10分前まで充電を行なっている。

　これは常にバッテリーを満充電にしておくためだ。ただし、何分前まで行なうかは人工衛星によっても異なる。


太陽電池パドルが開くまでは、バッテリーだけが頼りだ。

　もし何かトラブルがあったときに、対処の時間を少しでも稼ぐために、なるべく満充電に近い状態にしておくのだ。

　以上のような作業があって、人工衛星メーカーのスタッフは、大型衛星だと4か月ほども種子島に滞在することになる。

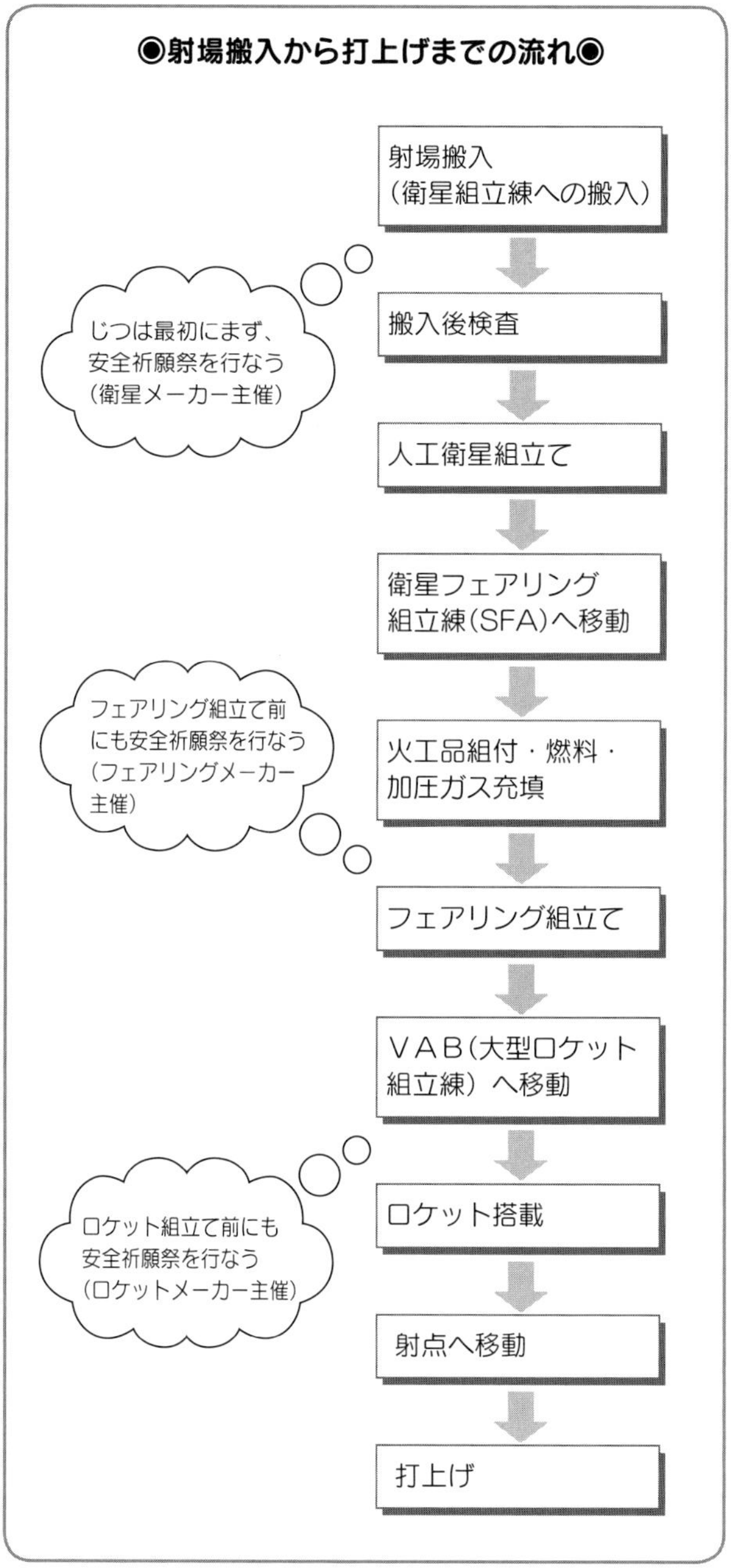

COLUMN

なぜロケットは2段式や3段式になっているのか

▶▶ロケットの燃料には「液体燃料」と「固体燃料」がある

旧ソ連が1957年にスプートニクを打ち上げてから現在まで、人工衛星を打ち上げる唯一の手段がロケットである。

ロケットを、燃料で分けると「液体（燃料）ロケット」と「固体（燃料）ロケット」がある。

液体ロケットと固体ロケットとではエンジンの構造が異なる。

燃料と酸化剤をそれぞれのタンクから供給して、燃焼室で燃やすのが液体ロケットエンジンだ。

固体ロケットは燃料と酸化剤が練り込まれたゴム状の推進剤がぎっしり詰まっており、点火すると、あとは勝手に燃焼反応が進行する。

両者の性能を比較すると、液体ロケットは燃費に優れる反面、推力は小さく、固体ロケットは大推力が出せる代わりに燃費はよくないという傾向がある。

また液体ロケットはバルブを閉めれば停止できるが、固体ロケットは一旦点火したら燃え尽きるまで止められない。

このため、一般的には、固体ロケットのほうが、液体ロケットにくらべて軌道投入時の誤差が大きくなるという欠点がある。

「はやぶさ」を打ち上げたM－Vロケットは我が国が100%国産した代表的な固体ロケットである。軌道投入精度も高く、世界的に見ても抜群の性能をもった固体ロケットであった。

現在は、その技術を継承した「イプシロンロケット」という固体燃料ロケットが開発されているところだ。

液体燃料には、液体水素やケロシン（灯油）が一般的だ。日本のH－ⅡAロケットや米国のスペースシャトルは、燃費に優れる液体水素を使っている。

▶▶役割を終えた第1段、第2段は軽量化のために切り離される

H－ⅡAも、スペースシャトルも、第1段には固体の補助ブースター(補助ロケット)をつけている。

人工衛星を軌道に入れるためには、ある程度の高さ(高度200㎞以上)まで持ち上げてから水平方向に秒速8㎞程度のスピードで飛行させる必要がある。

だが、まずは、地球の重力に抗して、高度を上げなければならないため、第1段には強力な力が必要になる。それで、補助ブースターが使われるわけだ。

ある程度の高さまで上昇すると、空《から》のタンクなどをつけたままでは、無駄に力を使うことになるので、使わなくなったタンク等は切り離したほうがよい。

ロケットは、2段、3段に分けることで、効率よく、できるだけ重たい人工衛星を打ち上げられるようにしているというわけだ。

3章

宇宙空間で働く人工衛星の“仕事”とは？

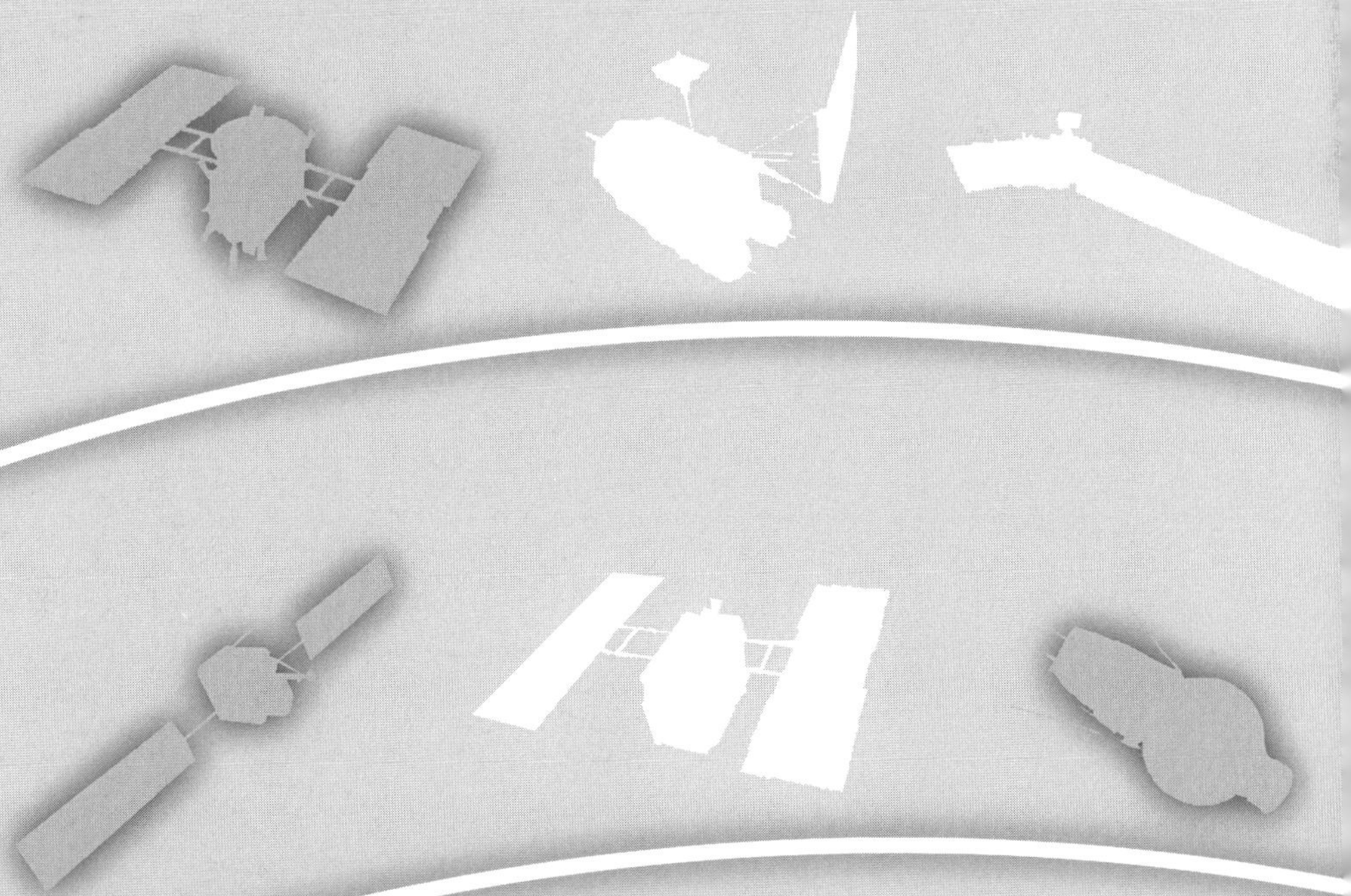

数千kmの彼方から地球を見つめ、さまざまな情報を発信

人工衛星には、地球観測、通信測位サービス、科学探査、技術実証など、さまざまな「ミッション」があります。

さまざまなミッションのために、さまざまな人工衛星がつくられているといっていいでしょう。

人工衛星をミッションの視点から大きく分けると「実用衛星」と「科学衛星」になります。

実用衛星とは、通信・放送・気象・測位・地球観測など、生活を便利にし、安全・安心に貢献する目的をもつ人工衛星のことです。

携帯電話にも搭載されるようになったGPSは、実用衛星を利用したシステムのひとつです。

実用分野では、JAXAなど国の宇宙機関が開発した人工衛星だけではなく、民間企業が打ち上げた人工衛星も多く活躍しています。

一方、科学衛星は、天文観測や月惑星探査など、科学的な目的をもった人工衛星です。

実用衛星のように、すぐに役立つというわけではありませんが、中長期的に見て、人類や社会の発展に決して無縁ではありません。

たとえば金星探査機「あかつき」の目的のひとつは「金星の気象を解

明することで、地球の気象を、より深く理解する」というものでした。

本章では、いろいろな人工衛星の仕事ぶりを見ていきましょう。

たとえば、現在の地球観測衛星は、地上にある50㎝程度の物体も見ることが可能です。

あなたが大きなリュックを背負って街を歩いているときに、人工衛星が撮影していたら写っているかもしれません。

もちろん小さな点にしかなりませんから、それが誰かまでは識別できませんが、数百㎞あるいは数千㎞も離れた宇宙から、そんなに細かく撮影できるというのは驚きです。

でも、どんなカメラで撮影し、どうやって地球に送信しているのでしょう。そのあたりも、この章で紹介します。

さらに、すべての人工衛星に共通して、ミッションの遂行に不可欠なのが、姿勢制御の技術です。

姿勢制御で使うセンサーのひとつに「恒星センサー」があります。恒星の見え方（つまり星座）から姿勢を判断する装置です。

じつは大航海時代の船乗りたちも、星を目印にして広い海原を自在に往き来しました。今も昔も同じように星を見ているというのはロマンチックな話です。

人工衛星と地球との間は、どうやって交信しているのか

宇宙空間の人工衛星と地上局の間の通信手段は、無線による通信しかない。だが、近い場合でも300㎞前後、遠くなると数万㎞にもなる。ときには「はやぶさ」のように数億㎞も離れた人工衛星との通信が求められることもある。

人工衛星から送信されてくるミッションデータとテレメトリ

地上と人工衛星とをつなぐ大切なパイプが「通信」だ。たとえば人工衛星が搭載している観測装置によって得られた災害時の地上の状況等のデータを地上に送信したり、衛星放送で番組映像を地上に配信するのも「通信」の役目である。

こうした人工衛星のミッションに関するデータのほかに、人工衛星の健康状態をチェックするためのデータ（「テレメトリ」と呼ばれている）も地上に降ろす必要がある。

ミッションに関するデータとテレメトリは両方とも人工衛星から地上へ送るデータだが、逆に地上から人工衛星に対して、コマンド（指令）を送ってもいる。

どんなコマンドがあるかについては人工衛星によっても違うが、たとえば「いつ、どの地域をカメラで撮影しろ」とか、軌道修正のために「何日の何時にエンジンを噴射しろ」といった人工衛星に対する指令を出すのがコマンドの役割だ。

これらのデータをやりとりするために、人工衛星に搭載されているのがアンテナ、受信機、送信機などで構成される通信系である。

人工衛星には、特定の方向に強い電波を出して交信できる「指向性アンテナ」と、ほぼ全方位をカバーできるが電波自体は弱い「無指向性アンテナ」が備えられている。

通常は、指向性アンテナを用いているが、人工衛星にトラブルが生じ、指向性アンテナを地上局に向けられない場合、無指向性アンテナで通信が行なえるようになっている。

◉人工衛星の「指向性アンテナ」と「無指向性アンテナ」の役割◉

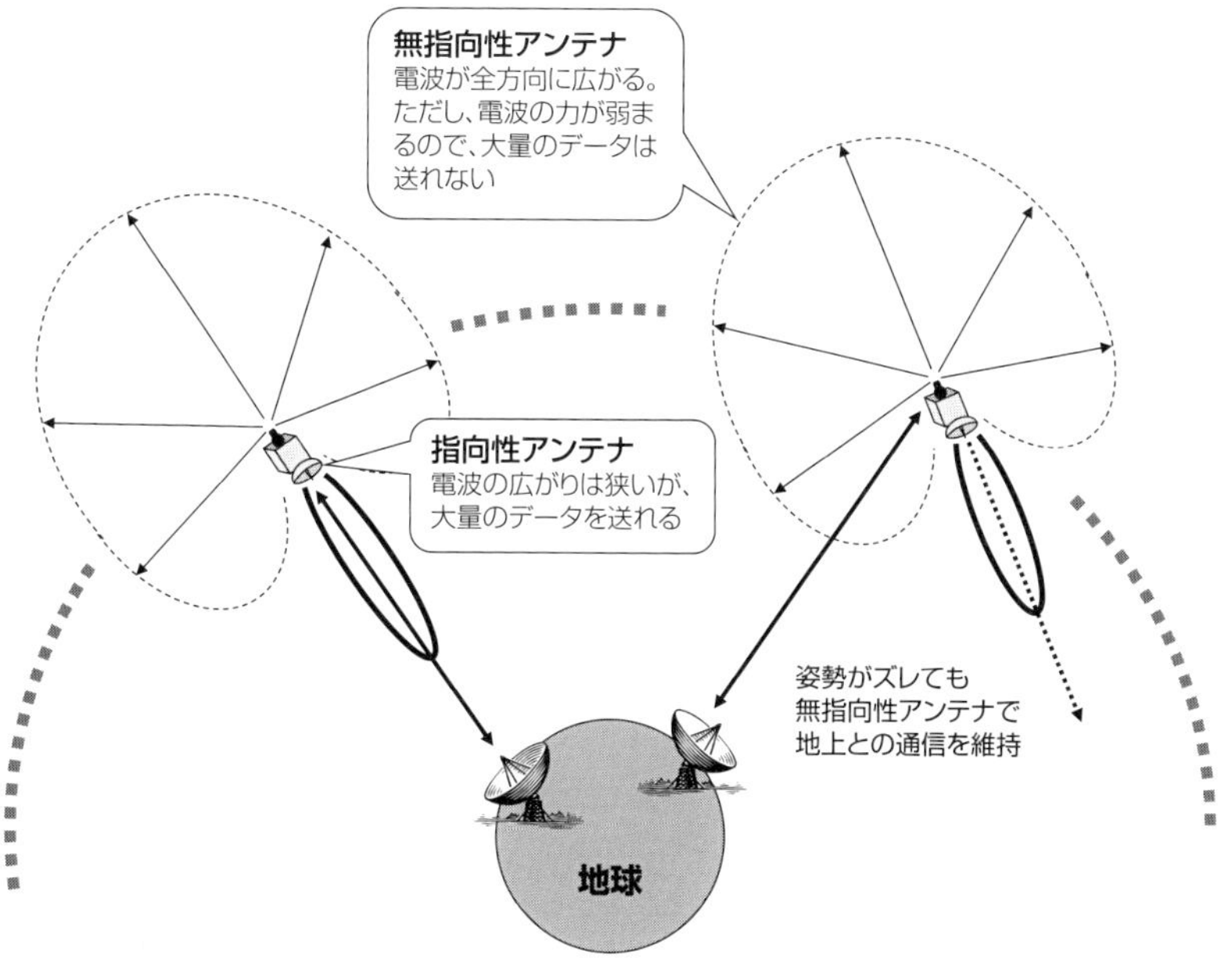
無指向性アンテナ
電波が全方向に広がる。ただし、電波の力が弱まるので、大量のデータは送れない
指向性アンテナ
電波の広がりは狭いが、大量のデータを送れる
姿勢がズレても無指向性アンテナで地上との通信を維持
地球

多種多様な地上アンテナが人工衛星からの電波をキャッチ

人工衛星と通信するためには、もちろん地上にもアンテナが必要だ。

一番身近なのは、マンションのベランダや一般家屋の屋根についている中華鍋のような30㎝程度の小さなパラボラアンテナ。

もっと小さいのが、GPS信号を受信している携帯電話や自動車に装備されたアンテナだ。

我が国で一番大きなアンテナは、「はやぶさ」「かぐや」などの月惑星探査機のデータ受信に使われた臼田宇宙空間観測所の直径64ｍのアンテナである。

何億㎞も離れた探査機からの微弱な電波もキャッチすることができるアンテナだ。

人工衛星にコマンドや大量のデータ（放送番組等）を送るといった業務に使用するのは大きなアンテナである。「人工衛星追跡管制局」と呼ばれる施設に備え付けられている。

ＪＡＸＡの場合は、人工衛星の打上げから追跡管制・データ受信等すべての業務を行なっているが、先ほどの臼田のアンテナのほか、国内にも海外にも多数のアンテナを配備しており、24時間の追跡管制運用が可能となっている。

低軌道を周回する人工衛星の場合、地上局と通信できるのは、その上空を通過する10分程度。

音信不通の時間が長すぎると緊急時に迅速な対応がとれないので、海外にも地上局を用意して、通信できる機会を増やしている。

なかでもキルナ局は北極圏にあるので、極軌道を周回する人工衛星と

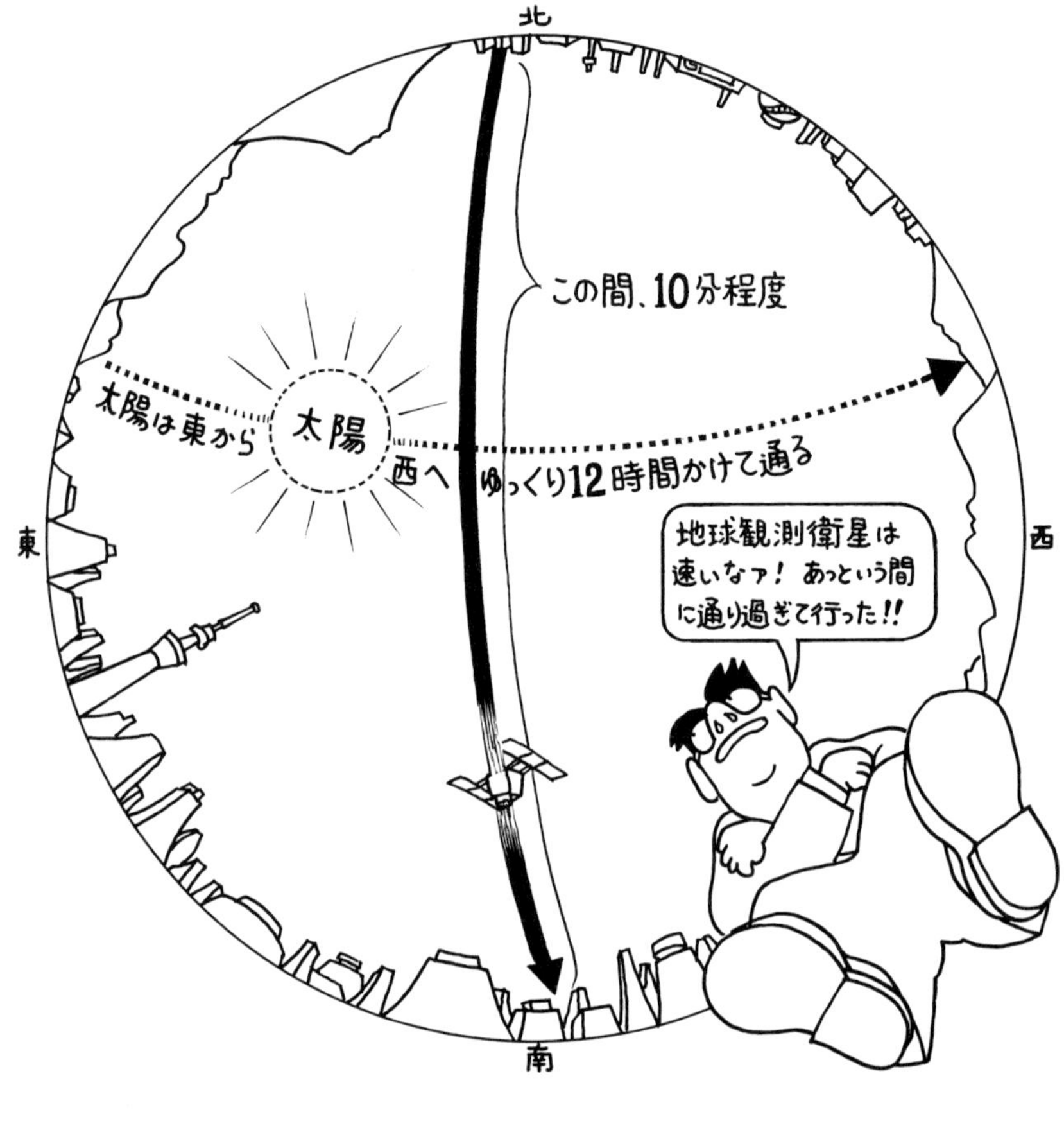
北
東
西
南
この間、10分程度
太陽
太陽は東から
西へ　ゆっくり12時間かけて通る
地球観測衛星は速いなァ！　あっという間に通り過ぎて行った!!

の通信には有利である。

ほかにも、内閣府、総務省、国土交通省等、多くの省庁で人工衛星を利用しており、独自の管制局や受信局をもっている。また、人工衛星を使った通信放送サービスや衛星画像サービスを行なっている企業のほか、一般の商社や企業、大学などの教育機関でも、独自に数m級のアンテナをもっていて、人工衛星との間で、直接、データの送受信を行なっているところも多い。

データ中継衛星を経由すればより多くのデータを送受信できる

静止衛星なら24時間、通信可能だが、低軌道衛星の場合、地上との通信時間は1回あたり10分程度しかない。

一度になるべく多くの観測結果を送れるようにするため、データ圧縮を行なう場合もあるが、通信時間の短さが大きな制約であることに変わりはない。送信可能なデータ量以上の観測をしても、地上に送ることができなければ意味がない。

ここで登場するのが、人工衛星の通信時間を劇的に拡大できる、データ中継衛星だ。

日本初のデータ中継衛星は、2002年に打ち上げた「こだま」。静止衛星なので他の人工衛星と長時間の通信が可能になる。さすがに相手が地球の裏側に行ってしまうと通信できなくなるが、「こだま」側を飛行している間は通信できる。

「こだま」から地上局は常に見えているので、「こだま」経由でデータを送れば、低軌道を周回している人工衛星でも1日の半分以上の時間が通信可能になる。

高度の低い極軌道を飛ぶ観測衛星が地上の受信局へ直接、観測データを送れるのは1周回で10分程度。日本の上空を飛ぶのは1日に5～6周回だから、合計でも1日1時間程度しか通信時間はなかったが、「こだま」で中継すれば10倍以上に増える。衛星観測データの利用機会も10倍以上に増加することになる。

「こだま」は大容量通信に適したKaバンドの通信機器を搭載しており、地上側にも地球観測センターと筑波宇宙センターに、Kaバンドの大型アンテナが設置されている。

陸域観測技術衛星「だいち」には、Kaバンドのアンテナ（「こだま」との通信用）とXバンドのアンテナ（地上局との通信用）の両方があったが、通信データ量はKaバンドのほうが2倍多い。

大量の画像を送信するのに「こだま」は大いに貢献している。

遠く離れた人工衛星の状態も地上局で監視・制御できるの？

人工衛星は地球と交信し、みずからの状態を地上局に伝えている。では、人工衛星と地上の運用者の間で、どのようにして情報の共有化が図られ、人工衛星にトラブルが生じたときは、どのようにして、それを解決しているのだろうか？

人工衛星からの情報が「命綱」「テレメトリ」と呼ばれる

トラブルを未然に防ぎ、人工衛星が健全にミッションを遂行し続けるようにするために、大いに役立つのが人工衛星から送られてくる「テレメトリ」である。

私たちも、病気を予防するために、定期的に検査を受けたり、自分自身で、体重や体温、血圧、心拍数などに気をつかったりするが、人工衛星のテレメトリはまさに人工衛星の〝健康状態〟を示すデータである。

テレメトリには、各機器のオンオフの状況、各部の温度情報、電圧・電流値、推進系のタンクや配管の圧力、機体の加速度や姿勢角速度（姿勢の変化）など、人工衛星の状態に関する詳細なデータがふくまれている。こうしたデータを「ハウスキーピングデータ」と呼ぶこともある。人工衛星のデータレコーダー（記憶装置）にはこうしたデータの履歴が保存されており、定期的に地上に送信できるようになっている。

テレメトリを解析すれば、どこが正常で、どこが異常か、あるいは異常の兆候があるかないか等を推測することができる。

たとえば、ある場所の温度データが、いつもは10℃前後なのに、ある時点で突然20℃を超えていたら、その近くで、いつもとは違う事態、あるいは、何らかの異常が発生している可能性があることがわかる。

また、それほど大きな変化がなくても、長期間のデータを折れ線グラフにしてみることで、「上昇傾向にある」とか、「減少傾向にある」といった「ゆっくりした変化」（「トレンド」という）を見て、近い未来に何が起ころうとしているかを予測することもできる。

1つのテレメトリから多くの情報を読み取れる根拠

何かのトラブルが人工衛星に起きたとしても、誰かが宇宙まで行って、直接調べるわけにはいかない。離れた場所からでも状況を把握するためにテレメトリがあり、そのデータを取得するために、人工衛星の各部には多数のセンサーが取り付けられている。とくに温度センサーの数は多く、大きな人工衛星では100個以上ついている。じつは、それでも少ないくらいだ。

人工衛星からテレメトリとして地上に送信するデータの総量は限られている。その限られたデータから多くの情報を読み取るために、設計段階での熱解析、試験段階での確認が重要な意味をもってくる。

熱解析によって人工衛星の各部や各機器の温度が、太陽や地球との位置関係、機器の動作状態でどのように変化するかをシミュレーション（モデル化）し、そのモデルが正しいかどうかを試験で確認して、熱モデルの精度を上げておけば、少ないデータから、人工衛星で何が起こっているかが判断できるようになる。

熱設計だけではなく、姿勢や軌道の制御、アンテナの動作、太陽電池の発生電力量予測など、あらゆる分野で、このような考え方がとられている。

「一を聞いて、十を知る」ために、設計試験の段階からデータの積み重ねが行なわれているというわけだ。

たとえば、燃料タンクの圧力データから、加圧装置、タンク、配管等の健全性はもちろん、温度データと合わせて、タンク内の残燃料、スラスタ性能などの変化を読み取り、その結果から人工衛星の残寿命なども推定できる。たった1つのデータでも、いろいろなかたちで人工衛星の健全性の維持に役立っているのだ。

人工衛星は役割に応じた複数のアンテナを備えている

人工衛星でトラブルが発生したとき、原因の究明にはテレメトリが必要だし、対策を指示するにはコマンドを送る必要がある。

ところが、ここで問題となるのは、もし人工衛星の姿勢制御系に異常が発生したときにはどうなるかということだ。

姿勢が制御できなくなれば、アンテナを地上局に向けられず、通信ができなくなってしまう。

だが、人工衛星は、そのような事態も考えたうえで設計されている。それが84ページでも紹介した「指向性アンテナ」と「無指向性アンテナ」である。

一般に、大量にデータを送るためには、高速通信が可能な、指向性のある高い利得のアンテナ（パラボラアンテナなど）が使われるが、これは電波を集め、細く絞って送るために、少し向きがズレてしまうと使うことができない。姿勢制御が不安定なときに、指向性のアンテナでは役に立たないのだ。

それに対して、無指向性のアンテナは、伝送容量は小さくなるが、どんな姿勢でも通信が可能だ。

電波が全方位的に出ており、人工衛星の姿勢に影響されることなく通信できる。

無指向性のアンテナを人工衛星の周囲に複数台配置することで、通信を可能にしているのだ。このようにすれば、たとえ人工衛星の姿勢が乱れても、地上と交信ができる。

人工衛星にはこのように、役割に応じた複数の通信アンテナが用意されている。

「はやぶさ」などの探査機では、指向性アンテナを高利得アンテナ（HGA）、無指向性アンテナを低利得アンテナ（LGA）と呼び、さらに、この中間の性質をもつ中利得アンテナ（MGA）を備えている場合もある。

打ち上げる人工衛星だけではなく地上設備の充実も急務

ここで地上側の設備についてもふれておこう。

86ページでもふれたが、JAXAのみならず、民間の衛星利用者もふくめ、人工衛星にコマンドを送信したり、人工衛星からのデータを受信したりする設備は数多くある。

しかし、これが、月・惑星探査用の人工衛星との交信となると、事情は少し異なってくる。

じつは、現時点で、日本国内から、惑星探査機との通信が可能なのは、臼田宇宙空間観測所（長野県佐久市）にある直径64mのパラボラアンテナのみだ。

小惑星探査機「はやぶさ」との交信でも活躍したことで、おなじみだが、アンテナが1つしかないので、複数の探査機が運用されているときは時間のやりくりが大変だ。

また、台風などの悪天候時には使えなくなるおそれもあり、ミッションの成功のために、地上の冗長化という意味でも、2か所体制の構築が望ましいだろう。

◉運用管制の技術者たちは「未病」を発見する「名医」たち◉

「病気になってからでは遅い」というのが人工衛星開発者の発想である。

最近、「未病」という言葉をよく耳にするようになってきたが、人工衛星の設計・製造・試験／運用管制も、まさに「未病発見」に細心の注意を払っているといえるだろう。

日々の健康状態を見るだけではなく、長期間のデータの変化を見ながら、一見、健康そうに見えても、このまま推移すると、何か月後には、どこそこの調子が悪くなる可能性があるといった「未来予測」をして、そうした問題に至らないように、未然に処置を下す、というのが、運用管制業務に携わっている人たちの役目だ。

24時間体制で、何の変哲もなさそうに見えるデータの「ほんのわずかな変化」も見逃さない……そんな職人技をもったプロ、まさに名医と呼ばれてもいいような技術者が、運用管制の現場にも沢山いる。

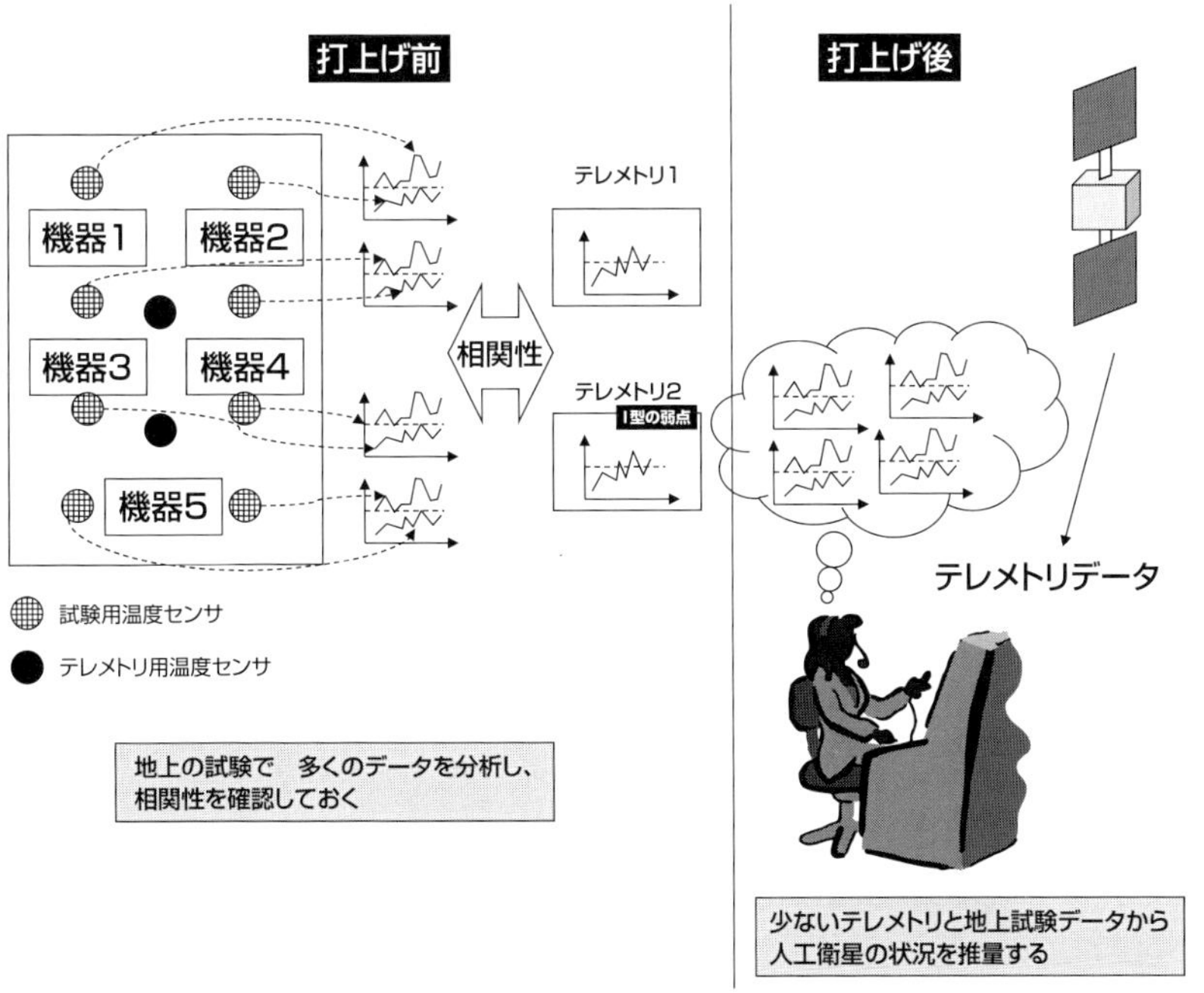

人工衛星は、どんなカメラで撮影し、どうやって画像を地球に届けるのか

人工衛星から撮影された写真を目にする機会は多い。東京―大阪間の距離よりも遠いところから撮影しているとは思えないほど鮮明な画像もある。人工衛星はどんなカメラを搭載し、どのようにして撮影され、その画像が地球に送信されてくるのだろうか。

観測衛星に搭載されているスキャナ方式のカメラ

陸域観測技術衛星「だいち」はたくさんの写真を撮影して、私たちに美しい地球の姿や、ときには自然災害の恐ろしさを伝えてくれた。あのような写真は、どのようにして撮影されたのだろうか。

「人工衛星のカメラ」にはさまざまな種類がある。撮影対象としては、天体を観測するカメラもあれば、地球を観測するカメラもある。また撮影する波長も、人の目で見ることができる可視光であったり、あるいはもっと波長が長い赤外線であったりといろいろだ。

なかなかひと口に説明するのは難しいが、ここでは「だいち」に搭載された「ＰＲＩＳＭ」のように、地球を周回しつつ撮影する可視光の光学センサーについて、その仕組みをみていこう。じつは、市販のデジタルカメラも同じ可視光の光学センサーだが、「ＰＲＩＳＭ」と市販のデジカメとでは使い方に大きな違いがある。それは、周回している人工衛星のカメラは、常に自分が撮影対象(地球)に対して、移動しているということだ。

このことは、周回している人工衛星のカメラの仕組みを知るうえでキーポイントになるのだが、その前に、デジカメがどのように撮影しているのかを説明しておこう。

デジカメの〝目〟は光を電気信号に変える半導体素子

デジカメの「目」となるのは、ＣＣＤやＣＭＯＳセンサーなど、光を電気信号に変換できる半導

体素子だ。

よくデジカメの謳い文句で「100万画素」とか、「1メガピクセル」という表現がある。これらはいずれも、CCD／CMOSセンサーの中に、光を検知できる小さなセル（ヒトの目の網膜にある視細胞のようなもの）が100万（＝1メガ）個あるということを意味している。このセルのことを「画素」とか「ピクセル」という。

たとえば、このセルを、縦に1000個、横に1000個の配列で碁盤の目のように並べると、セルの総数は1000×1000で合計100万個になる。これが100万画素のイメージだ（2次元配列）。

じつは「PRISM」にもデジカメと同じく、撮像素子としてCCDが搭載されている。違うのは、画素が縦横に碁盤の目状に配置されているのではなく、一直線に並んでいるということだ（1次元配列）。

ここに、前に述べた「自分が移動しながら撮影する」という話が関わってくる。

自分が移動しないのであれば、写真を撮影するのには2次元のCCDが必要。しかし、自分が一方向に移動し続けるのであれば、1次元のCCDで充分だ。

実際に、家庭やオフィスにも、この方法を使っている機器がある。スキャナやコピー機で、用紙をスキャンするとき、左右に光が移動しているのが隙間から見えるはずだ。

これらの機器でも、センサーは一度に1ライン分の情報しか得ていないが、センサーをスライドさせて、得られたデータを合成すれば2次元の画像となる。

「PRISM」のカメラも原理は同じで、1次元のセンサーを使って、地球をスキャンしている。こういった方法を「プッシュブルーム方式」と呼んでおり、少ない画素数で、より高精細な画像が取得できるというメリットがある（95ページ上図参照）。たとえば1000画素のCCDであっても、撮影時間を調整することで、得られる画像を長くも短くもできる。しかし、高精細化するということは、撮影した画像のデータ量が非常に多くなるということである。

人工衛星の通信速度はとても速いのだが、地上局と直接交信できるのは1回あたり10分程度で、そのうちの6分前後しか画像データの送信には使えないため、より多くのデータを送れるように、圧縮処理をかけてからデータを送信している。

地上でこれを復元し、さらに人工

衛星の姿勢やカメラの歪みなども考慮して補正をかけ、綺麗な画像にしている。

たった50㎝のものも見極められる最先端の撮影システム

先進的宇宙システム「ASNARO」では、プッシュブルームをさらに進化させた「TDI（タイム・ディレイ・インテグレーション）」と呼ばれる方式を採用した。

地球観測衛星の性能の指標のひとつが、どのくらい小さな物体まで認識できるかを表わす「地上分解能」である。たとえば地上分解能が1mであれば、地上の1mの物体を画像上の1つの点としてとらえることができる。

「PRISM」の分解能は2・5mであったが、「ASNARO」ではこれを50㎝以下にまで向上させる。しかし、問題となるのがシャッタースピードだ。

「ASNARO」は地面に対して秒速7㎞という猛スピードで移動しているため、このような高分解能になると、1ラインを50マイクロ秒（＝2万分の1秒）程度で撮影しないといけない。「ASNARO」が50㎝移動する前に、1ライン（50㎝）の撮影を済ませないといけないからだ。

一方、「PRISM」は2・5m移動する時間があるため、ASNAROよりも5倍遅いシャッタースピードでも大丈夫だ。

CCDは、画素に光が当たると電荷として溜まり、その量を読み取って光の強弱を認識する。

しかしシャッタースピードがあまりにも速いと、充分な感度を得られるほどの電荷が溜まらない。そこで工夫したのがTDI方式だ（次ページ下図参照）。

TDI方式では、やはりスキャナのように1ラインずつの撮影を行なうが、CCDの画素はデジカメのような2次元配列になっている。

地上の、ある1ラインを撮影しているとき、その光は望遠鏡を通ってCCDの画素1列に当たっている。これ自体はプッシュブルーム方式と同じだ。

だが、人工衛星は高速で移動しているので、その光はすぐに隣の列に移ってしまう。

TDI方式では、それに合わせて画素の電荷も隣の列にごっそり移動させる。それを繰り返せば、列の分だけ光量を稼ぐことができる。光量が増えるということは「明るく」なるということ。つまり、それだけ鮮明で見やすい画像が撮影できる。

◉プッシュブルーム方式のメリット◉

たとえば、CCDのデジカメと同じように「20画素の2次元配列のCCD」で、スナップ写真を撮る場合、1画素あたり、幅20mのエリアをカバーするため、解像度が悪くなる。


同じ20画素を1次元配列にして、ラインごとに写真を撮って、それをつなぎ合わせれば、1画素あたりの幅5mにまで高精度化できる。

人工衛星が、常に一定の速度で移動していることを利用した、高精度化の方法のひとつである。

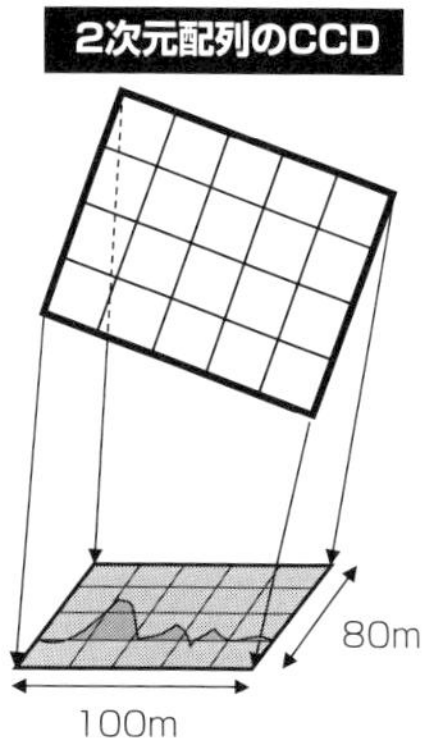
2次元配列のCCD
80m
100m

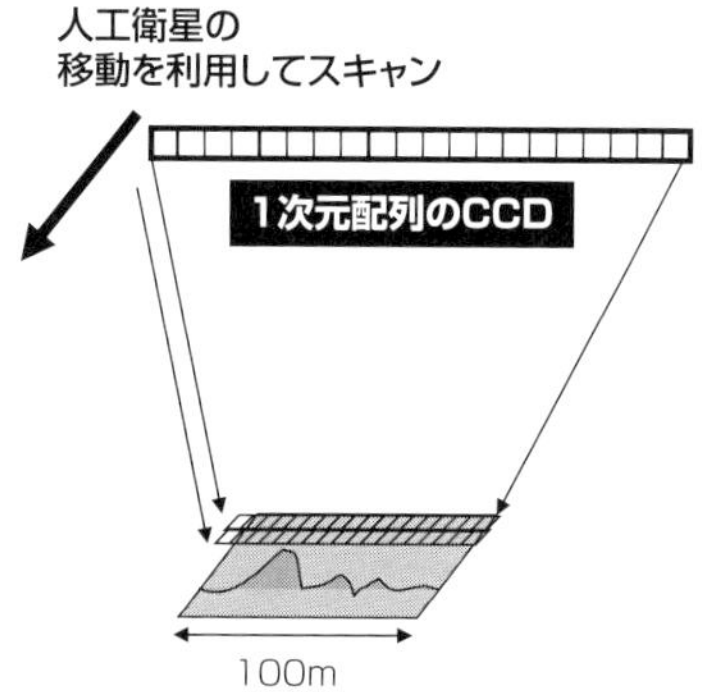
人工衛星の
移動を利用してスキャン
1次元配列のCCD
100m

◉TDI方式に関する補足説明◉

アナログカメラのフィルムも、デジカメのCCDも、鮮明な写真を撮るためには、露出時間(シャッター速度)が鍵となる。

暗い場所や遠い景色(光の量が少ない)でも、露出時間を長くとれば、鮮明な画像が得られる。

3段のTDIで画像を撮る場合

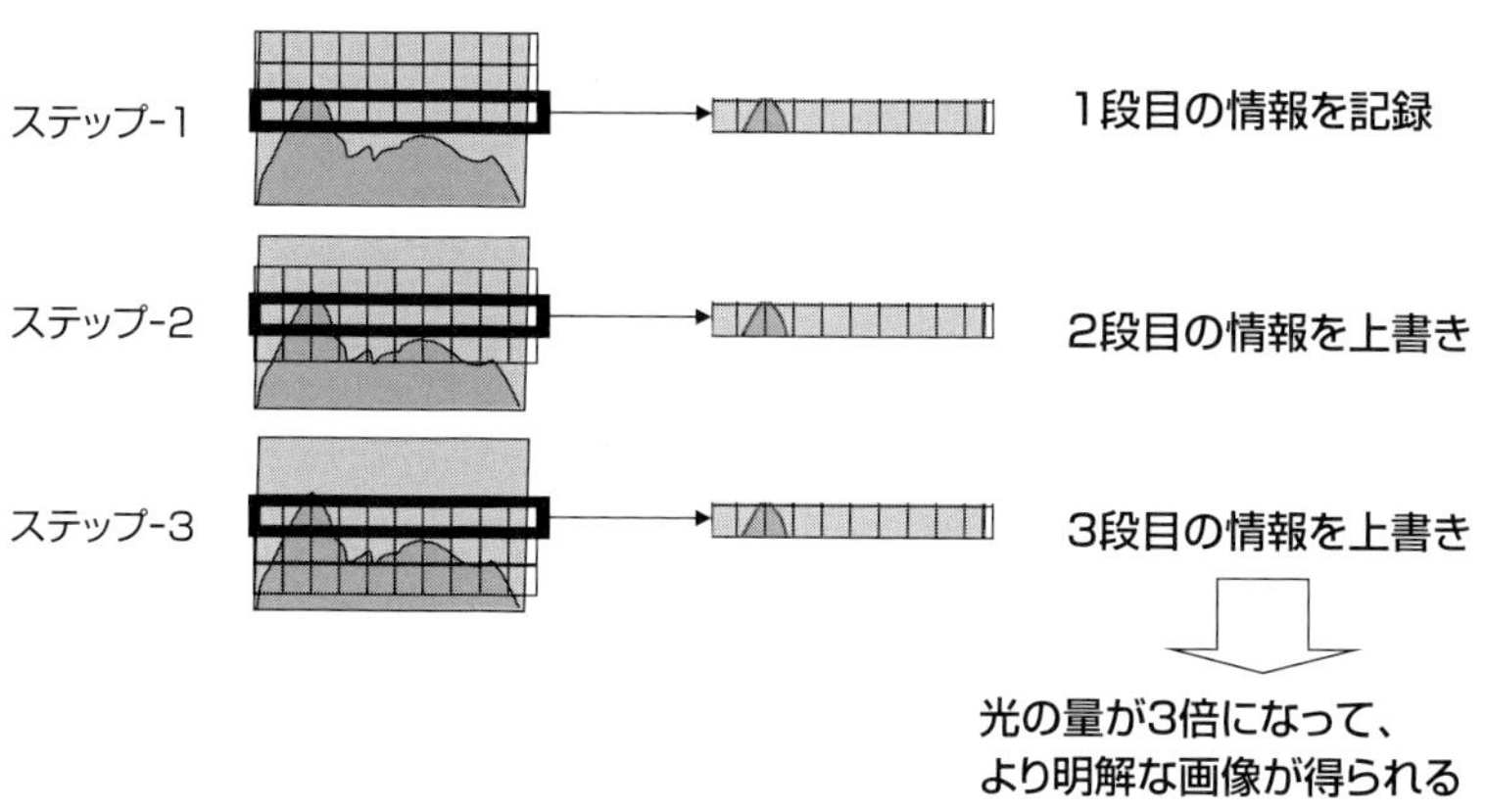
ステップ-1
1段目の情報を記録
ステップ-2
2段目の情報を上書き
ステップ-3
3段目の情報を上書き
光の量が3倍になって、
より明解な画像が得られる

観測衛星の光学カメラをコントロールするのは誰？

日本の陸域観測技術衛星「だいち」のような地球観測衛星は、どのようなタイミングで写真を撮っているのだろうか。地上690kmの上空から、なぜ、狙った場所の写真が撮れるのか。

人工衛星は「写真を撮る」よりも「データを送信する」ことが難しい

光学系観測衛星は、極軌道の一種である太陽同期軌道（太陽光の入射角が一定の軌道）を周回している。搭載しているカメラ（技術者たちは「センサー」と呼ぶ）は、普通のデジカメと同じように、暗いところでは撮影できない。つまり、太陽光が当たっている昼側でしか写真を撮ることができない。太陽同期軌道であれば、常に同じ明るさで撮影できる。また、デジカメなどと同じように、バッテリーの容量やデータ記録装置の容量などに制約がある。しかも、デジカメのように交換はできない。

データ送信の問題もある。

撮影した画像データは一旦、人工衛星内のデータレコーダーに保存され、地上と通信できるときにまとめて送信するが、地上局と直接通信できる時間が限られているので、データが多すぎると全部は送れない。

データ中継衛星を経由して送る方法もあるが、他の人工衛星も利用しており、占有はできない。

シャッターチャンスは貴重。ときには「数週間に1回」の場合も

こうした理由から、現在は、ユーザー要求に応じて画像を撮影するようになっている。

だが、ユーザーからの依頼があれば、いつでも、どこでも撮影できるというわけではない。

撮影したい地域の上空を通るまでは待つしかない。

同じ地点の上空を通過するまでの間隔を「回帰日数」というが、もし、

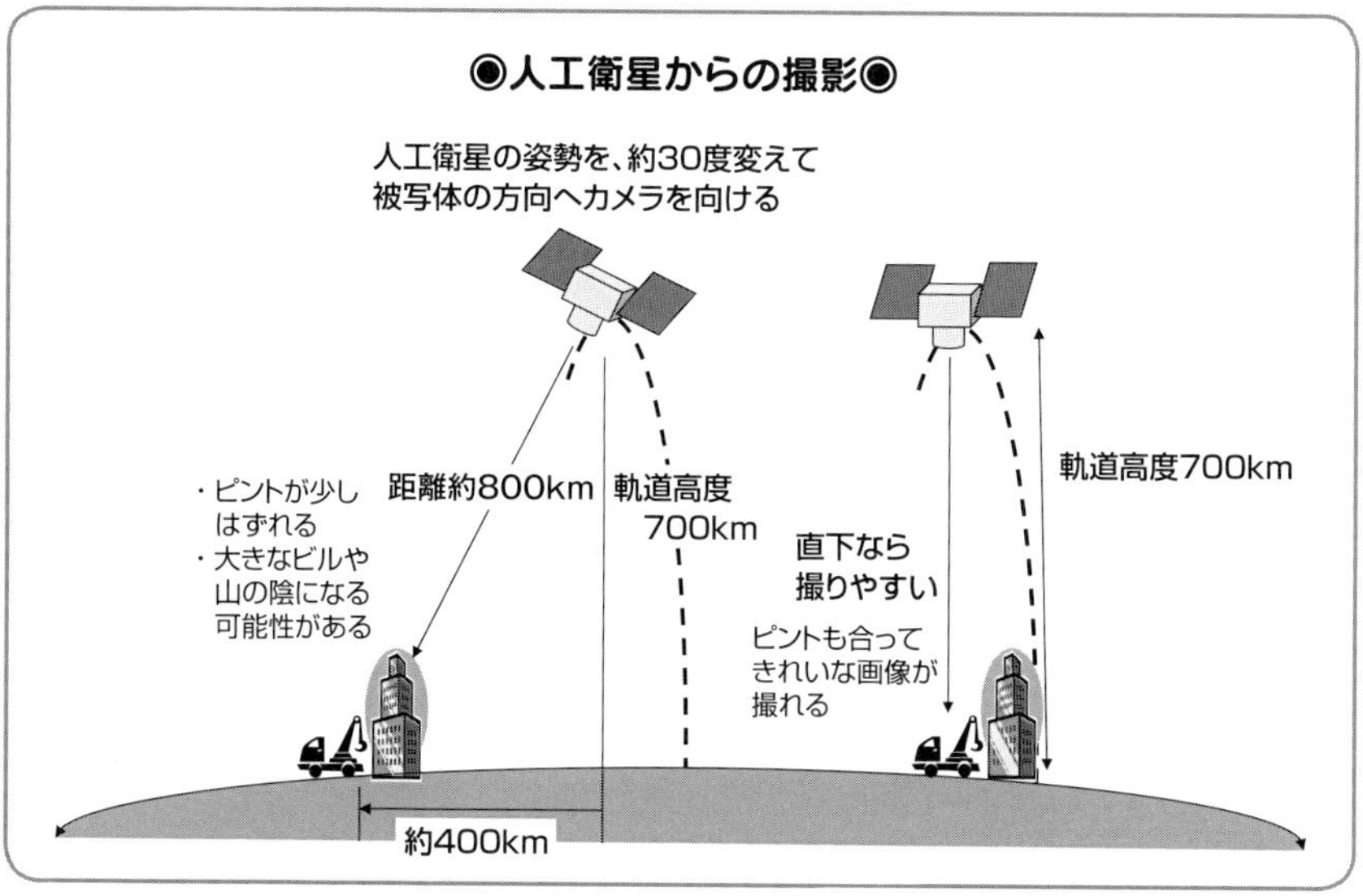
◉人工衛星からの撮影◉
人工衛星の姿勢を、約30度変えて
被写体の方向へカメラを向ける
・ピントが少し
はずれる
・大きなビルや
山の陰になる
可能性がある
距離約800km
軌道高度
700km
約400km
軌道高度700km
直下なら
撮りやすい
ピントも合って
きれいな画像が
撮れる

人工衛星が、その地点を通り過ぎたばかりなら、回帰日数分だけ待つことになる。

それまで待てないときは、近くを通過したときに人工衛星の姿勢をグイッと変えて、斜め上から撮影することもある。私たちが撮りたい被写体のほうにカメラを向けるのと似ている。

人工衛星の位置も速度も軌道によって決まっているので、撮影位置を変えたり、撮影点上空でゆっくり飛ぶことはできない。カメラを前後左右に振るしかない。

だが、姿勢（カメラ）を振る角度にも限界がある。また、元々、所定の高度で最良の画像を得るように調整しているので、被写体までの距離が遠くなると、画質は下がる。

たとえば、700㎞高度にあるカメラで、真下の点から横に400㎞離れたところを撮影する場合、被写体までの距離は800㎞強になる。そのぶん、ピントがズレる。

山などで遮られて、撮りたいものが撮れない可能性もある。また、光学センサーは雲や雨に弱い。

結局、現在配置されている観測系衛星だけでは、数週間待つこともあり、災害時などの、すぐに写真がほしいという要望に応えられない。

多くの観測衛星を打ち上げ、準リアルタイムで、撮影要求に応えられるようにしたいというのが、1つの夢である。

レーダーセンサーにはどんな特徴があるのか

人工衛星から地上の写真（画像）を撮る方法は〝光学センサー〟を用いる方法と、〝レーダー（電波）センサー〟を用いる方法に大別できる。光学センサーについては前項で説明したとおりだが、レーダーセンサーとは何か。どのような方法で撮影しているのだろうか。

夜間でも天気の悪いときでもレーダーは地上を見られる

レーダー（電波）センサーとは電波でものを見るセンサーだ。人工衛星に搭載されたレーダーセンサーが自分で電波を出し、地上ではね返り、戻ってきた電波を受信して、地上の様子を画像化する能動型の映像レーダーである。

レーダーセンサーの最大の特徴は、夜間や天候が悪い地域でも使えることだ。また、レーダーセンサーでよく使われるXバンド、Lバンドと呼ばれる周波数の電波なら、通常の悪天候程度ではあまり減衰しない。つまり、時間・天候を問わず計画的観測が可能である。

ただ、レーダーセンサーで得た情報を視覚化するには計算機処理が必要となる。その代わり、等高線だけとか、緑地分布だけとか、目的によって、さまざまな見せ方ができる。ただし、地上分解能は光学センサーには及ばない。

目的に応じて、両方のセンサーを、それぞれの長所を活かしながら併用するのが効果的である。

◎XバンドとLバンドの特徴◎

Xバンド		Lバンド
波長が短く、透過性・干渉性が低い。高分解能	特徴	波長が長く、透過性・干渉性が高い
・人工物検出・探知 ・都市域観測 ・MTI（移動体検出） ・高分解能観測	用途例	・DEM作成、地殻変動抽出 ・植生分類 ・バイオマス評価 ・森林下の人工物探知

送信波と受信波の差から何にあたって反射したのかを推定

「電波で撮影している」といわれても、ピンとこないだろう。そこで、その原理を簡単に説明しよう。

レーダーは、撮影の対象物の方向へ向けてパルス信号を電波にのせて送信し、対象物に反射して返ってきたパルス信号を受信する。

電波の方向と送受信の時間差から対象物の方向と距離を計算する。電波の直進性と、速度が一定であることを利用した計測方法である。

また、送信波と受信波の電波の強さの差から、何にあたって反射したかということも推定できる。電波をあてた物質が吸収した電波の量（電波吸収量）から鉱物資源や植物の分布をみたりすることもできる。

分解能を上げたければ、電波の周波数を高くすればいいのだが、そうすると、透過性が悪くなって、雲があると地上が見えなくなる。

逆に、この性質を利用して雲や雨で反射するKバンドを使った降雨レーダーや雲レーダーというものもある。

短所も、見方を変えれば長所になるというわけである。

人工衛星でよく使われるレーダーに合成開口レーダー（SAR／サー）と呼ばれるものがある。

これは人工衛星が一定速度で移動することを利用し、連続的に電波の送受信を繰り返すことで、仮想的に大きなアンテナとして利用する方法である。

◉合成開口レーダーのイメージ◉

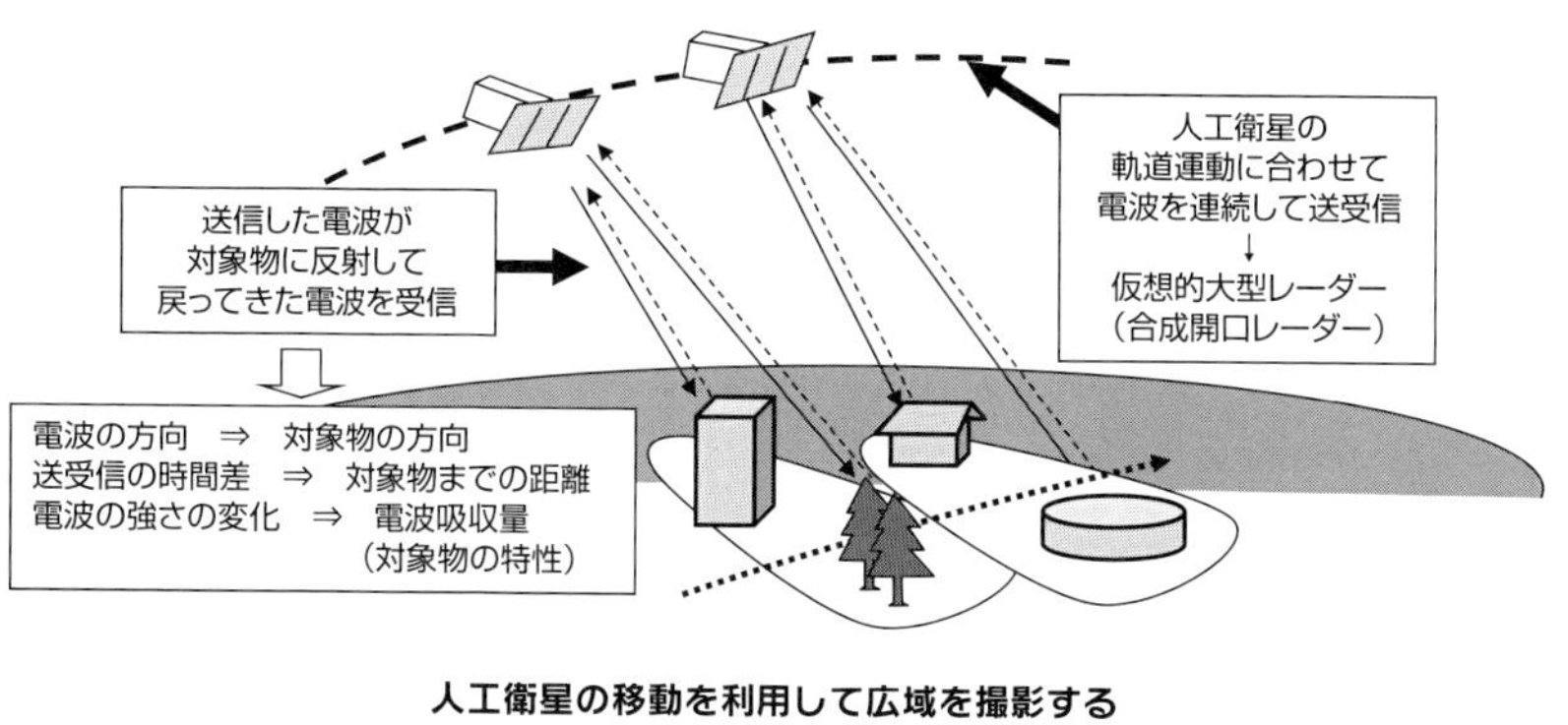
人工衛星の
軌道運動に合わせて
電波を連続して送受信
↓
仮想的大型レーダー
（合成開口レーダー）
送信した電波が
対象物に反射して
戻ってきた電波を受信
電波の方向 ⇒ 対象物の方向
送受信の時間差 ⇒ 対象物までの距離
電波の強さの変化 ⇒ 電波吸収量
（対象物の特性）

人工衛星の移動を利用して広域を撮影する

地下に眠る資源をどうして宇宙から発見できるの？

地球観測衛星の画像データを、さまざまな産業分野で利用する事例が多くなっている。これまでも森林伐採や災害時の被災状況等の把握で威力を発揮してきたが、近年は、豊富な鉱物資源をもちながら、その有効利用を果たせていないアフリカ諸国の人工衛星利用への関心も高まっている。

さまざまな波長の光学センサーで地下資源を宇宙から探索

宇宙とは一見、関係なさそうな鉱業にも、じつは人工衛星が深く関わっている。

金属鉱床のひとつに、熱水鉱床と呼ばれるものがある。これはマグマに熱せられた地底の熱水（約400℃）が海底に噴出し、堆積したもので、最近話題のレアメタルも含んでいるといわれている。熱水が噴出した周辺の岩石も熱水で変質するので、熱水鉱床を見つけるためには、その変質帯を見つければいい。

この変質帯の調査に、人工衛星からのリモートセンシング（遠隔観測）が有効である。

我が国の資源探査衛星には、1992年に打ち上げた「ふよう1号」（1998年に運用終了）がある。

米国の資源探査衛星「TERRA」には、我が国（通商産業省（現、経済産業省）が主導）が開発した探査用センサー「OPS」と「ASTER」が搭載されている。

OPSは可視光から短波長赤外の7波長、ASTERは可視光から熱赤外の14波長を観測できる光学センサーだ。

鉱物の種類によって吸収する光の波長が決まっているので、波長のパターンを見れば鉱物の種類を推定できる。

現在、開発中のハイパースペクトルセンサーは、観測波長が185波長にまで向上される見込みで、これを使えば、より高い精度で変質帯の識別が可能になると期待される。

得られる情報量が多いほど、より正確な判断ができるというわけだ。

◉人工衛星からの地球観測：光学センサの観測波長とデータの利用分野◉

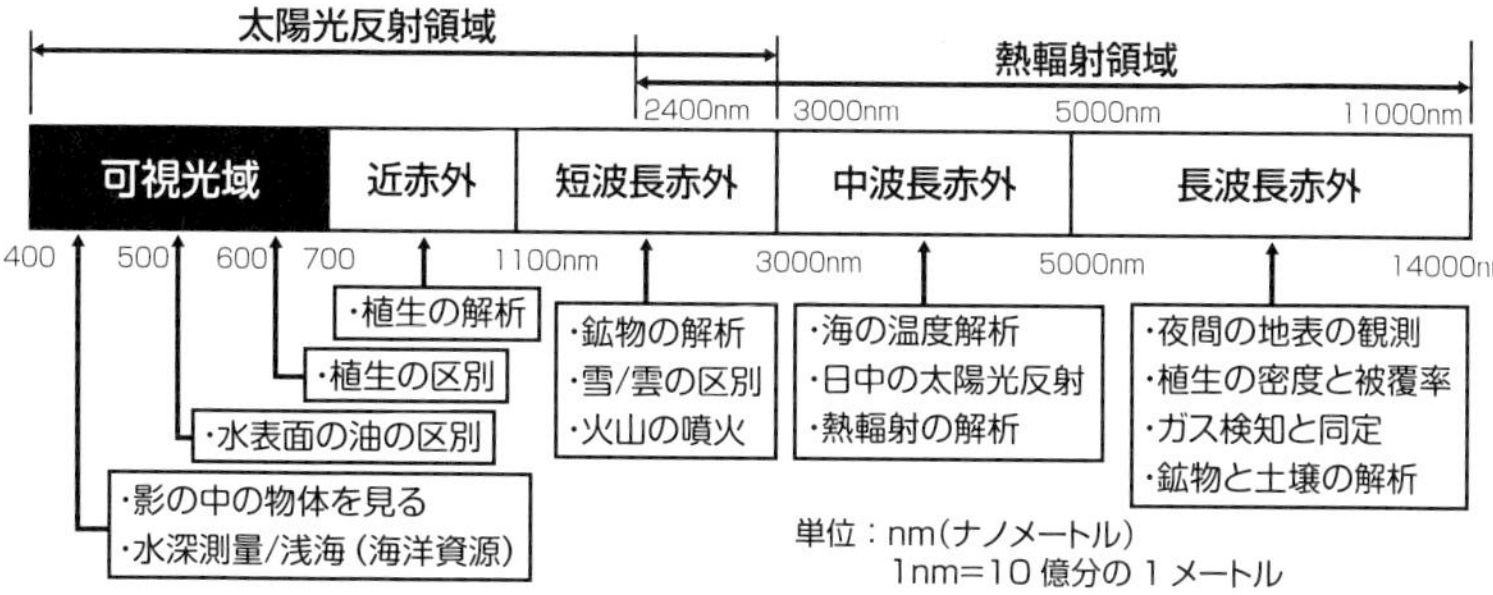

漁業でも進むＩＴ化。漁場を人工衛星が教えてくれる

農林水産業にも人工衛星は大きな貢献をしている。たとえば、漁場の探索に、水温、海色、海面高度などのデータは有効だ。

魚は種類ごとに好む水温が違うし、海色からはエサとなる植物プランクトンの分布がわかる。

また、水面が周囲よりも盛り上がっている海域は、深いところの海水温度が高く、マグロの漁場形成が期待できる。

こういったデータの取得に、日本や海外の人工衛星が活用されているのだ。

漁業者用の情報提供サービスもあって、パソコンから各種の情報を見ることができるようになっている。いまや漁船でもＩＴ化が進んでいるということだ。

水循環変動観測衛星「ＧＣＯＭ－Ｗ１」には高性能マイクロ波放射計「ＡＭＳＲ２」が搭載されて、海面水温が計測できる。また、気候変動観測衛星「ＧＣＯＭ－Ｃ１」には多波長光学放射計「ＳＧＬＩ」が装備されて、海洋プランクトンの分布が観測できる。

「ＧＣＯＭ－Ｗ１」と、「ＧＣＯＭ－Ｃ１」は、ともに、地球環境の変動を調べることが目的の人工衛星であるが、搭載センサーのデータは産業にも応用可能なのだ。

小麦や稲の生育状況はもちろん、味まで宇宙から判別可能

植物の葉に含まれる葉緑素は、可視光の赤色波長の光を吸収し、近赤外線を反射するという特性がある。

◉周波数帯の特徴◉

周波数帯	波長（GHz）	波長（cm）	特徴
P	0.25－0.5	約70	波長が長いので、アンテナが大きくなる。分解能は非常に低い。樹木、土壌、氷雪等でも透過できる。
L	0.5－1.5	約25	周波数の帯域幅が、比較的狭いため、分解能は比較的低い。葉や小枝、雨・雲等に対する透過性に優れている。
C	4－8	約6	周波数の帯域幅が、比較的広く、分解能も比較的高い。透過性は中程度。降雨減衰も少ない。
X	8－12	約3	周波数の帯域幅を広く取れるので分解能が高い。透過性は低いが、降雨減衰は比較的少ない。人工構造物の観測に適する。
K（Ku－Ka）	12－40	約2～0.8	帯域幅を広く取れるので、分解能は高い。しかし、雲等に遮蔽され、降雨減衰も大きいため、荒天時の撮影は困難。

つまり緑の葉の面積が広ければ、赤色の反射率は低く、近赤外線の反射率は高くなる。

これらのデータから植物の量や活性度を推測できる。北海道では小麦の生育状況の確認に衛星画像が利用されている例がある。

生育の早い場所から収穫すれば、刈り遅れによる品質被害を抑えることができる。

しかし、早すぎると、水分を多く含んでいるので、乾燥のための燃料費が余計にかかってしまう。

つまり、収穫時期は、早すぎても遅すぎてもダメなのだ。

従来、生育度の判断は人間が現地に行ってやっていたが、これだと時間がかかるし、判定に個人差も出る。

しかし、人工衛星であれば、広範囲を一度に客観的に計算できるというメリットがある。

また同様の方法で、米のタンパク含有量の推定も可能だ。

米の味はタンパクが低いほうが良いとされており、こういった判別にも衛星画像が利用されている。

地震などの地殻変動も宇宙から調査できる仕組みとは

電波であるという特性を利用して、レーダーセンサーを使えば、光学センサーでは見ることができない画像を得ることもできる。その代表が「干渉SAR」と呼ばれる手法だ。

ここでいう「干渉」とは、電波や光など、波の重なり合いによって生じる現象をいう。

「波」は、山の部分と谷の部分が繰り返し伝播していく現象だが、山と山が重なる（同位相）と、波の振れ方が大きくなり、山と谷が重なる（逆位相）と、波が消える。これが「波の干渉」である。

この現象を電波センサーに応用（干渉SAR）すると、地形図（色分けされた等高線図）を簡単につくることができる。時期の異なる同じ地形のSARデータの差（引き算）をとると、どの地点がどのくらい動いたかを、「cm」の精度で知ることができるというわけである。

もちろん、地上の基準局の位置もGPSで正確に計測できるが、それはあくまでも「点」の情報にすぎない。しかし干渉SARを使えば、2次元に分布する連続した各点の「アンテナからの距離変化」を、「位相差」として「縞模様」に表示して見ることができるので、「面」全体がどう動いたかを知ることができる。

干渉SARは地震、火山、地盤沈下などによる地殻変動を調べるときによく利用される。

ただし、地震前などの比較すべき時期の過去データが必要であり、定常的に観測しておくことが何よりも重要である。

◉デジカメでもおなじみの「ズーム機能」は地球観測衛星のカメラにはない？◉

いまどきのデジカメには、コンパクトタイプの製品であってもズーム機能が搭載されているが、地球観測衛星の観測用カメラにはそのような機能がない（つまり単焦点）。

その理由は、信頼性品質の確保と高精度化だ。

ズーム機能をもたせるには、駆動メカを入れる必要があるが、これがトラブルの原因になる可能性がある。

また、駆動メカの「ガタ」は微少とはいえ必ず生じる。

せっかく、3600分の1度という高精度に姿勢を安定させても、カメラ自体が動いてしまっては元も子もない。

カメラを最大ズームにし、しっかり固定させて写真を撮る。それが低軌道を周回する人工衛星からの写真の撮り方である。

ちなみに、同じ宇宙仕様のカメラでも、JEMのロボットアームの先端についているカメラ等のようにズーム機能をもっているカメラもある。

人工衛星にとって、なぜ「姿勢は死活問題」なのか

人工衛星も、人と同じように「姿勢」を正すことが大切だ。姿勢が悪いと仕事（ミッション）がうまくいかなかったり、健康を害したりするのも人間と同様だ。「姿勢制御技術」は、人工衛星が、ミッションを遂行するうえで欠かせない技術のひとつである。

エネルギーを確保するために まず太陽を補捉する人工衛星

ロケットから分離されると、人工衛星は、まず「太陽捕捉」と呼ばれる動作を自動で行なう。

これは、宇宙空間のどこに太陽があるかを見つけ出し、太陽の方向に太陽電池パドルを向け、エネルギーを確保するためだ。

エネルギー、つまり「ライフライン」の確保が一番重要となるのは、人間も人工衛星も同じである（このために、ロケットから分離されたとき太陽が見える位置にあることが、打上げ時刻を決める条件のひとつになっている）。

「太陽捕捉」が終わると、次は三軸捕捉という「姿勢を正す」動作を行なう。これが完全に終了して初めて、何も目印のない真暗な宇宙空間において、人工衛星自身が、どこにいて、どの方向を向いているかを認識したことになり、地球、あるいは地上のアンテナなどがどの方向にあるかがわかるのである。

あとは、その姿勢を軌道周回運動に連動させ、ミッション遂行上、必要となる方向へ制御・維持すればいい。こうした一連の作業を「姿勢制御」という。

何もない宇宙空間で「目印」となるのは「恒星」

「何も目印がない」といったが、じつは立派な目印がある。それは、太陽であり、地球であり、宇宙空間に無数にある星々（恒星）である。最近は恒星センサーの性能が向上し、昔の船乗りと同様、人工衛星も星を頼りにするようにな

っている。恒星センサーで星を見て、どこを向いているか「姿勢」を知り、正しい方向へ制御する。

なぜ、姿勢制御が必要なのか。

地球観測衛星であればセンサーを地上に向ける必要があるし、通信・放送衛星であればアンテナの向きを所定の国や地域に合わせないといけない。

太陽電池パドルも正しい方角を向けなくなると、発電できなくなり、最悪の場合、人工衛星は機能を停止する。つまり、姿勢が制御できなくなると、人工衛星は何もできなくなってしまうのだ。

小惑星探査機「はやぶさ」は、小惑星イトカワへの着陸を敢行したあと、探査機内部で燃料漏れが発生。ガスが外に吹き出して、姿勢の制御ができなくなってしまった。これにより、太陽電池の発電が正常にできなくなり、電力を喪失。「はやぶさ」が一度は通信を絶ったことは広く知られているとおりだ。

求められる精度の「1秒角」は1度のわずか3600分の1

姿勢制御に求められる精度も人工衛星のミッション要求によって異なる。

とくに高い精度が求められるのは、観測衛星（天文・地球）である。宇宙望遠鏡「ハッブル」のカメラは、とても狭い範囲を拡大して見ているが、ピタッと静止させないとブレた画像になってしまう。

デジカメのズームを最大にして写真を撮るとき、ちょっとした手振れでも、ファインダーの画像が大きくズレるのと同じである。

最近の観測衛星では、数秒角～数十秒角（1秒角は3600分の1度）という精度が必要となる。

このくらいになると人工衛星本体の姿勢制御能力だけでは困難になってくるので、観測用のセンサー側にも、「ジンバル機構」と呼ばれる角度を微調整できるメカニズムが設置されている。

たとえば、高度700kmの観測衛星の姿勢が10秒角ズレると、カメラに写った地上の画像は目標に対して約33mズレることになる。

静止軌道の通信・放送衛星の姿勢制御は、それほど厳しくない。電波の向きはアンテナ側に調整機能があるので、人工衛星本体の姿勢制御は0・01度程度で充分である。

さらに、地球から何億kmも離れる探査機はというと、「はやぶさ」の通信アンテナで0・1度。イトカワへの着陸は1～2度程度の精度でよく、じつはそれほど厳しくない。

なぜ、何もない宇宙空間なのに人工衛星の姿勢がふらつくのか

空気も風もない宇宙空間なのに、なぜ、人工衛星の姿勢が乱されるのか？　じつは、ほんのわずかな大気や、太陽光の圧力が、人工衛星の姿勢を乱す大きな要因となっている。

ほんのわずかな大気抵抗が人工衛星の姿勢に影響を及ぼす

人工衛星の姿勢が乱される原因は、いったい何か。

これには「外乱」と呼ばれる複数の要因がある。

まずは大気による抵抗だ。

「宇宙は真空」というイメージがあるが、厳密にいえば、かなりの高度まで薄い大気が広がっている。

一般的に「宇宙」とは高度100km以上のことを指すが、高度数百km程度までは比較的大気も濃く、放っておいたら人工衛星の高度は徐々に下がってくるほどだ。

その薄い大気が太陽電池パドルに当たると姿勢を回転させる効果を生み、姿勢が乱れる。

「重力傾度トルク」と呼ばれる力の作用もある。人工衛星にかかる地球の重力が不均一になっていることにより発生する。

「磁気トルク」という作用もある。人工衛星自身がもつ磁場と、地球の磁場の作用によって姿勢が乱れるものだが、影響はきわめて小さい。

「太陽光圧」も無視できない。意外かもしれないが、光には物質を押す力がある。その力は極めて小さいので、地上の人が気がつくことはないが、宇宙では累積すると無視できない大きさになってくる。

逆に、この力を積極的に利用したのが、宇宙ヨット「イカロス」だ。

正確な姿勢制御を行なうために外乱を推定して設計に反映

太陽光圧は、太陽から遠くなるほど弱くなるが地球周辺では、概ね一定である。

◉宇宙にも“大気抵抗”はある◉

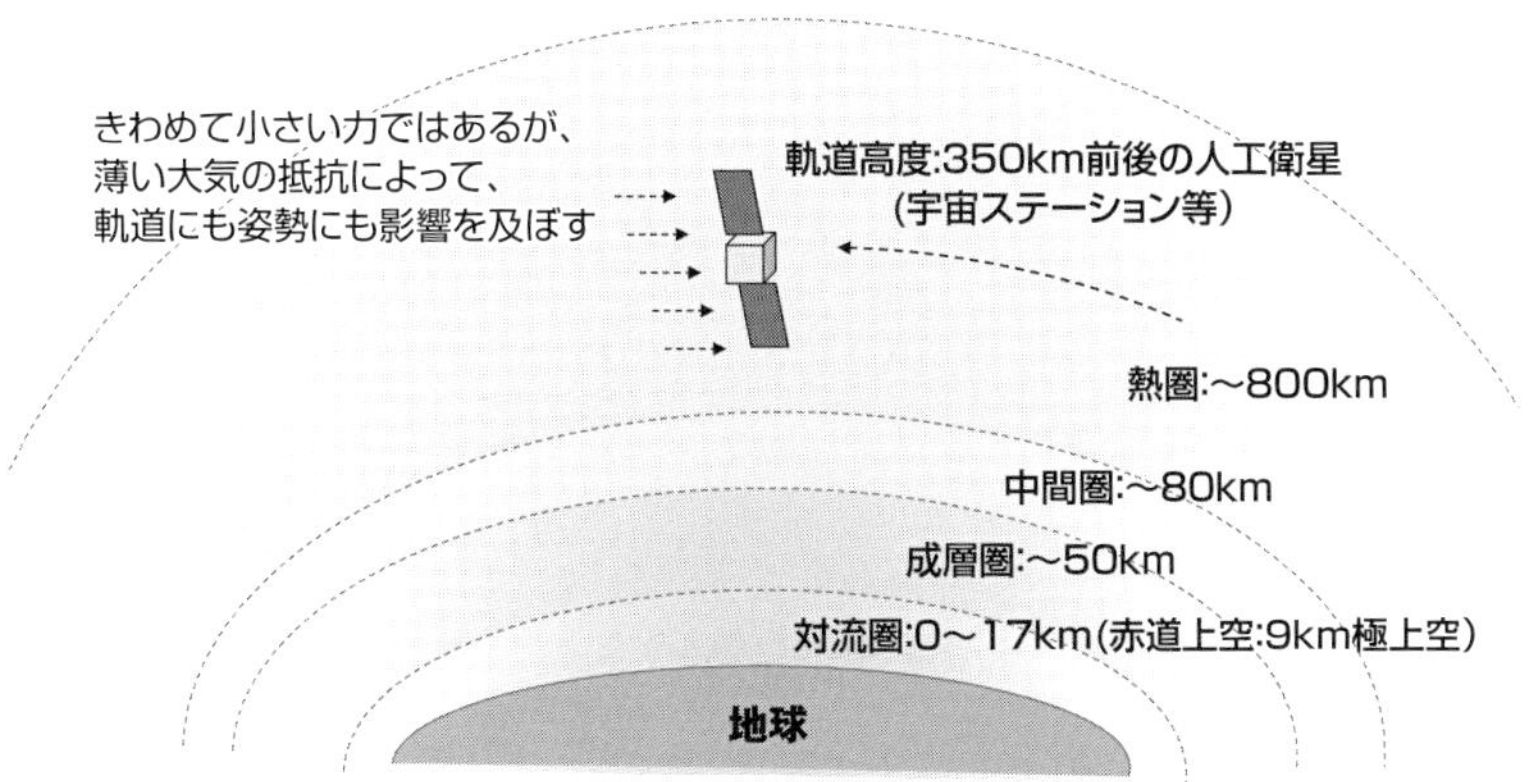

重力傾度トルクと大気抵抗は、高度が上がれば、小さくなる。高度500㎞くらいの周回軌道では、「大気抵抗→重力傾度トルク→太陽光圧」の順に影響が大きいが、高度700㎞くらいになると、「重力傾度トルク→大気抵抗→太陽光圧」という順番になる。

高度3万6000㎞の静止衛星の場合、姿勢に影響を及ぼす外乱は、ほとんど太陽光圧となる。

探査機は、向かう星によって異なる。「かぐや」は、月の引力の影響を受けるし、火星探査や金星探査を行なう人工衛星は、探査する星に近づけば近づくほど、その星の引力や大気抵抗などに影響される。

人工衛星を設計するときには、あらかじめ外乱の大きさを評価しておく必要がある。これがわからないと、姿勢制御に使うリアクションホイールなどの大きさや燃料の使用量が決められないからだ。

また外乱を少なくするような設計も行なう。

たとえば静止衛星では、片翼だけだと、片側からだけ力を受けることになり、人工衛星が回転してしまうため、太陽電池パドルは両翼に広げたほうが、太陽光圧はバランスされ、外乱は小さくなる。

運輸多目的衛星「ひまわり6号」は、静止衛星だが片翼である。太陽光圧のバランスをとるため、太陽電池パドルとは反対側に円錐形をした太陽光を受けるソーラセイルが付いている。

では、どうやって宇宙空間で正しい姿勢を保っているの？

人工衛星の姿勢が正しくなくなってしまったとき、どうやって姿勢を修正するのか。そもそも人工衛星の姿勢や向きを知るうえで、宇宙にはどんな「目印」があるのか。

姿勢を制御する方式は「スピン安定」と「三軸制御」

人工衛星の姿勢制御は、大きく分けて「スピン安定方式」と「三軸制御方式」の2つがある。さらに、三軸制御方式にも「バイアス・モーメンタム方式」と「ゼロ・モーメンタム方式」がある。

スピン安定方式は、人工衛星をコマのように回転させることで姿勢を安定させる方法だ。地上のコマは、多少、外から力を加えても安定して回り続ける。もっとも、空気抵抗や地面との間の摩擦により、次第に回転数が下がり、ついには倒れてしまう。宇宙空間では、空気抵抗も摩擦もないので、一旦、回転が始まると、半永久的に回り続ける。

回転軸を維持する方法もコマの原理で説明できる。「ジャイロ効果」という言葉を憶えている読者もおられるだろう。高速で回転するコマは、回転力を与え続ければ倒れない。お正月の演芸などでおなじみの「皿回し」もジャイロ効果を利用した芸である。お皿の回転速度が落ちてくると、お皿の縁《ふち》が上下に振れて、いわゆる「味噌すり」運動が始まり、いまにもお皿が落ちそうになると、お皿を支える棒を操作して回転力を与える。するとお皿は再び回転軸をまっすぐにして安定的に回り始める。回転体が、その回転軸を維持しようとする特性がジャイロ効果のひとつである。

これを人工衛星の姿勢制御に応用したのがスピン安定方式で、比較的制御が容易なため、初期の人工衛星ではよく採用された。

現在、主流になっているのは三軸

制御方式である。この方法なら、人工衛星を少ないエネルギーで任意の方角へ向けることができる。

　ただし、能動的に姿勢制御しないといけないので、スピン安定方式よりも、姿勢制御系を構成する機器（センサー、リアクションホイール、計算機等）は増え、制御ロジックや回路も、より複雑になるため、技術的には難しくなる。だが、高い姿勢精度が必要なミッション、複数の観測センサーを搭載するような複雑なミッション、ランデブードッキングや着陸ミッションなど、より高度なミッションに対応できる。

　また、三軸制御方式であれば、大型の太陽電池パドルを展開し、まっすぐに太陽方向へ向け、常に最大効率で電力を発生させることができ、多くの通信機器を同時に運用することも可能になる。

人工衛星の内部で回っている「リアクションホイール」という円盤

三軸制御方式の人工衛星では、姿勢制御に「リアクションホイール」という装置が用いられる。

　この原理は単純に「円盤を回す」というものだ。

　では、円盤を回すだけで、どうして姿勢が制御できるのだろうか。

　その仕組みは「反動（内力）を利用する」というシンプルなものだ。

　下の図を見ていただこう。四角い箱が人工衛星で、丸いのがリアクションホイール（以下「ＲＷ」）である。

　ＲＷの回転軸の軸受けは人工衛星に固定されている。

　ＲＷを時計回りに回転させると、その反動で、人工衛星は反時計回りに回転を始める。

◉リアクションホイール（RW）による姿勢制御の考え方◉

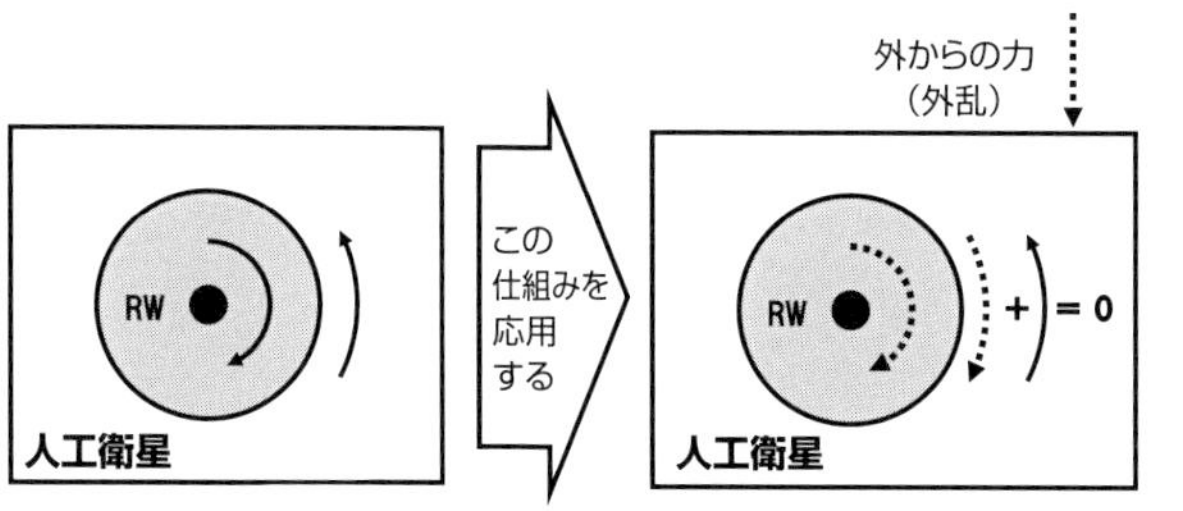

RWを回すと、人工衛星に、反動がはたらき、RWと反対方向に回転する

逆に、外乱により、人工衛星が回り始めたら、その回転と同じ方向にRWを回すと、人工衛星には、反動がはたらき、あるところで、釣り合って、人工衛星の回転がとまる（姿勢が安定する）

この仕組みを応用したのが、ＲＷによる姿勢制御である。

人工衛星に外からの力（外乱）がはたらくと人工衛星もＲＷも一緒に、ゆっくり回転を始める。つまり姿勢が乱れ始める。そのとき、ＲＷを、外乱によって人工衛星が回りだした方向と同じ方向に回転させると、さきほど説明した仕組みのとおり、反動（内力）によって人工衛星には反対向きに回そうという力がはたらき始める。

ＲＷの回転数を調整して、外乱による回転と反動による回転、言い換えれば、外力による回転と内力による回転が釣り合うようにすると、姿勢は安定する。ＲＷが人工衛星の肩代わりをして回転していると考えると、わかりやすいかもしれない。

これと同じことを三軸（人工衛星の高さ方向、横方向、奥行方向の各軸）それぞれで行なうのが三軸姿勢制御方式というわけである。

リアクションホイールを使うメリットとデメリット

姿勢制御にスラスタを使うことも可能だが、使えば使うほど燃料が減ってしまう。リアクションホイールは「電力さえあればいつまでも使うことができる」というメリットがある。

ただし、リアクションホイールには、「アンローディング」という運用が必要になる。

次ページの図を見ていただこう。人工衛星にはさまざまな外乱が常に、はたらいている。ＲＷは一生懸命肩代わりするため、回転数をどんどん上げていく。しかし、ＲＷも機械なので、肩代わりできる限界がある。その限界に達する前に、スラスタ等で、ＲＷが肩代わりしているのと反対方向になる力を宇宙空間へ向けて吐き出させる。そうすることで、ＲＷの回転数を落としているのだ。これをアンローディングと呼んでいる。いってみれば家庭の除湿器に溜まった水を捨てるような作業だ。

このように、ＲＷは「肩代わり」と「アンローディング」を繰り返しながら、人工衛星の姿勢の安定を保っているというわけだ。

人工衛星は自分の方向を知るために太陽、地球、星を観察している

人工衛星自身が、どの方向を向いているのかを知るためには、「センサー」という装置が必要となる。人間の「目」に相当する装置で、何を目印にするかによって、地球センサー、太陽センサー、恒星センサーといった種類がある。最近

◉アンローディングのイメージ◉

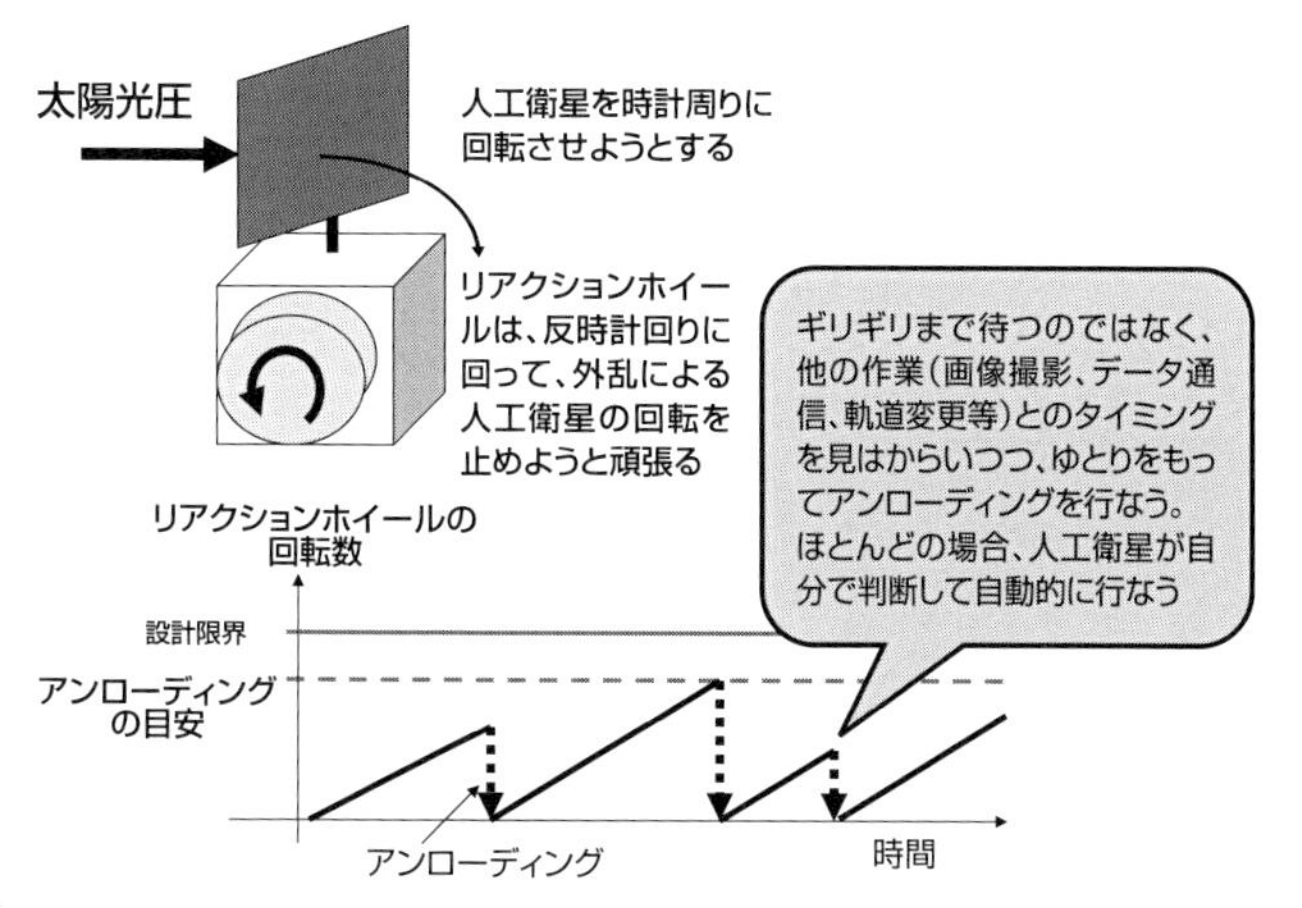
太陽光圧
人工衛星を時計周りに
回転させようとする
リアクションホイールは、反時計回りに回って、外乱による人工衛星の回転を止めようと頑張る
ギリギリまで待つのではなく、他の作業（画像撮影、データ通信、軌道変更等）とのタイミングを見はからいつつ、ゆとりをもってアンローディングを行なう。ほとんどの場合、人工衛星が自分で判断して自動的に行なう
リアクションホイールの回転数
設計限界
アンローディングの目安
アンローディング
時間

は、より高い精度が期待できる恒星センサーの採用が増えている。

恒星センサーは、文字どおり夜空に浮かぶ恒星の配置をみて姿勢を認識する。

「恒星」といってもピンとこないかもしれないが、じつは、私たちが見ている「夜空の星」のほとんどが恒星である。「位置を変えない」から「恒《つね》なる星」と呼ばれる。

「でも、星座は、時間や季節で見え方が違う」と思われるかもしれないが、それは、地球の動きによる変化である。

北半球で見る星座が、北極星を中心に一日で一回転するのは、地球の自転による変化だし、季節によって見え方が違うのは、地球の公転による変化である。

また、北半球と南半球で、見える星座が違うのは位置による違いだ。星は「恒なる星」で、地球の動き（季節と時間）で見え方が変わるだけで、毎日同じように回り、毎年同じように変化を繰り返してくれるから「道標」になるのである。

星座を見れば、時間や季節、さらに、地球上のどの位置にいるかがわかる。だから、昔から、船乗りたちは星を道標に、航海をしたのだ。

恒星センサーも同じ方法を使う。つまり、人工衛星内部の計算機の中に星座のデータが入っていて、センサーの「目」で見た星のパターンと比較して方向を検知している。

ほかには、ジャイロコンパスと同じ仕組みのセンサーも使っている。こうしてさまざまなセンサーを組み合わせて、人工衛星は安定した姿勢を維持しているのである。

COLUMN

人工衛星はどうやって宇宙から地球を見ているのか

▶▶日本初の地球観測衛星では「屈折望遠鏡」が活躍

地上で使う天体望遠鏡には、レンズで光を曲げる屈折望遠鏡と、鏡などで光を反射する反射望遠鏡の２タイプがある。

じつは、地球観測衛星に搭載される可視光の光学センサーにも、望遠鏡のような「光学系」が採用されている。

日本初の地球観測衛星（気象衛星を除く）は、1987年に打ち上げられた海洋観測衛星「もも1号」である。この人工衛星の光学センサー「MESSR」に搭載されていたのは、屈折型の光学系だ。地上分解能は50mと、現在の最先端センサーにくらべると性能は2桁も低いものの、当時、人工衛星ではまだ珍しかったCCDをいち早く採用していた。

▶▶大型化で生じた光学系の問題を反射型がクリア

光学系が大型化するにつれて、主流になってきたのは反射型だ。

市販の天体望遠鏡でも、大口径のものになると反射型が多くなるが、レンズを使う屈折型だと重く、設計や製造も難しくなるために、大型化には不利なのだ。

また、望遠鏡の命でもあるレンズには、「色収差」という問題がある。光の色（つまり波長）によって、屈折率が異なるという現象である。

屈折率が異なるので、レンズを通すと、わずかではあるが焦点がズレる。カメラが高精度化すると、この「ズレ」が無視できなくなる。

反射式にすれば、この問題は解消できる。反射の方向は色（波長)によらず同じだから、焦点もズレる心配はない。

2006年に打ち上げられた陸域観測技術衛星「だいち」の光学センサー「ＰＲＩＳＭ」では、日本としては初めて、ミラーのみの反射型光学系が採用された。

4章

人工衛星の軌道には誰も知らない秘密があった!

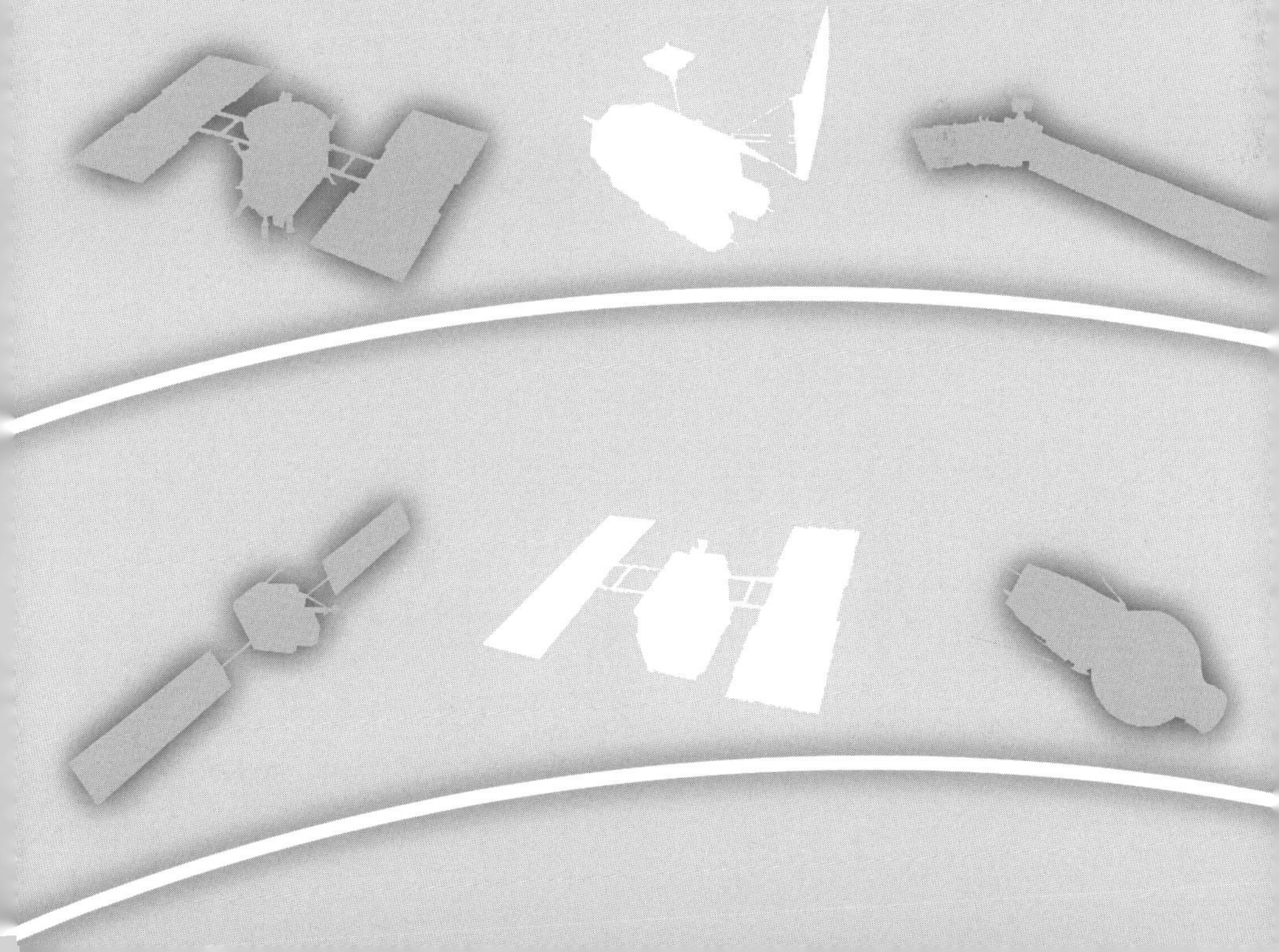

人工衛星は宇宙空間を自由に飛べない？「見えないレール」の上を飛ぶ

人工衛星は広大な宇宙空間を自由に飛びまわれると思っていませんか。

しかし、人工衛星は自由自在に飛べるわけではありません。目的に合わせた「軌道」を飛んでいます。

軌道とは人工衛星の通り道です。レールの上を列車が走るように、人工衛星は軌道を飛んでいます。

目に見えない「物理法則が敷いたレール」が存在し、地球や太陽など天体の引力によって経路が決まります。

「でも、エンジンがついているよね？」と思うかもしれません。

じつは、人工衛星は、軌道を周回しているときは、エンジンを噴いていません。エンジンを噴くのは、軌道を変えるときだけです。

「エンジンを噴かなくても飛べるの？　飛行機は飛べないよね」いいところに気づきました。

じつは人工衛星は「飛んで」いるのではなく「落下」しているのです。飛行機と違うのは、空気抵抗がないために、「落下」が「回転」に変わっているのです。これが「物理法則が敷いたレール（軌道）」です。

しかし、そもそも人工衛星は、どうやって自分の飛んでいる軌道を知ることができるのでしょうか。

どうして正しい軌道を飛び続けることができるのでしょうか。

本章では、そういった話も展開していきます。

ところで、燃料を燃やすためには酸素が必要です。でも、宇宙には酸素がありません。

「人工衛星の燃料はどうやって燃やすんだろう?」と不思議に思いませんか?

その秘密も、この章のなかで、解き明かしましょう。

軌道の話は、ちょっと難しいかもしれませんが、「へぇ、そうなんだ」くらいに思っていただき、人工衛星にとって、軌道がどれだけ重要な存在かを理解してほしいところです。

あの「はやぶさ」も高度な軌道制御によって、イトカワに行き、地球に戻ってくることができました。

人工衛星は、日々、決められた軌道を黙々と飛んでいます。

最先端の「軌道を知るための技術」「目的の軌道に入れるための技術」など、さまざまな技術にも焦点を当ててみましょう。

どうやって人工衛星は自分の位置を知るのか

大海原を行く船が自分の位置を知ることは航海術の基本だ。宇宙空間を飛んでいる人工衛星にしても、それは変わらない。何も目印がないように見える宇宙空間で、人工衛星は、どのようにして正しい位置や軌道を知ることができるのだろうか。

人工衛星の位置と飛んでいる速度は地上からの電波で計測できる

人工衛星は、必ずその目的に応じて選ばれた特定の軌道を周回している。

広域に同時にサービスを提供したい通信・放送衛星や、地球全体の雲の動きを同時に観測したい気象衛星などは高度3万6000㎞の静止軌道を利用する。一方、鉱物の分布や河川の変化、船や自動車の動き、災害時の被害状況などを、より詳しく観察したい場合は高度900㎞程度の極軌道を利用することが多い。

月や惑星を探査する人工衛星は、軌道計画によって、目標天体までのルートが厳密に決まっている。

人工衛星の正確な軌道を知るために「測距（レンジング）」という作業を行なう。これは、電波を使って人工衛星までの距離を測定する技術である。

地上から、ある周波数の電波を送り、人工衛星は受信したらそれを送り返す。

地上で電波の往復にかかった時間を測り、電波の速さをもとに計算して人工衛星までの「距離」を知る。

次は、得られた「距離」とレンジングに使った地上アンテナの角度から、地上アンテナを原点とした人工衛星の位置（X，Y，Z）を求める。これを連続して行ない、一定時間内の人工衛星の位置の変化量から、人工衛星の速度（dx／dt、dy／dt、dz／dt）を計算する。

だが、これでは、まだ軌道は決定できない。こうした計測と計算を数回繰り返し、統計的な処理を行ない、さらに、座標の原点を地上局から慣性座標系と呼ばれる「軌道を表現するための座標系」に変換することで、軌道6要素（122ページ参照）の平均値と分散値（誤差）が求められる。

軌道決定精度を高くしたい場合は、時間をかけて沢山データをとる必要がある。

人工衛星のなかには、レーザー光を使った「衛星レーザー測距（SLR）」を利用するものもある。

人工衛星は宇宙空間でGPS衛星と交信している

意外かもしれないが、地上のカーナビなどと同様に宇宙でもGPSは利用される。GPSは、3次元空間内の現在位置を特定することが可能なシステムで、緯度・経度に加え、高さの情報も取得できるので、地上でも宇宙でも基本的には同じ方法が使える。

ロケットや、多くの低高度の軌道を周回する人工衛星にはGPSの受信機が搭載され、自己の位置を決定している。

精度はレンジングのほうが優れているが、GPSには、自動的にリアルタイムで現在位置を知ることができるというメリットがある。

ただし、人工衛星でGPS信号を使えるのは、おおよそ、高度が1500㎞以下の低軌道を周回している人工衛星に限られている。

◎レンジングのイメージ◎

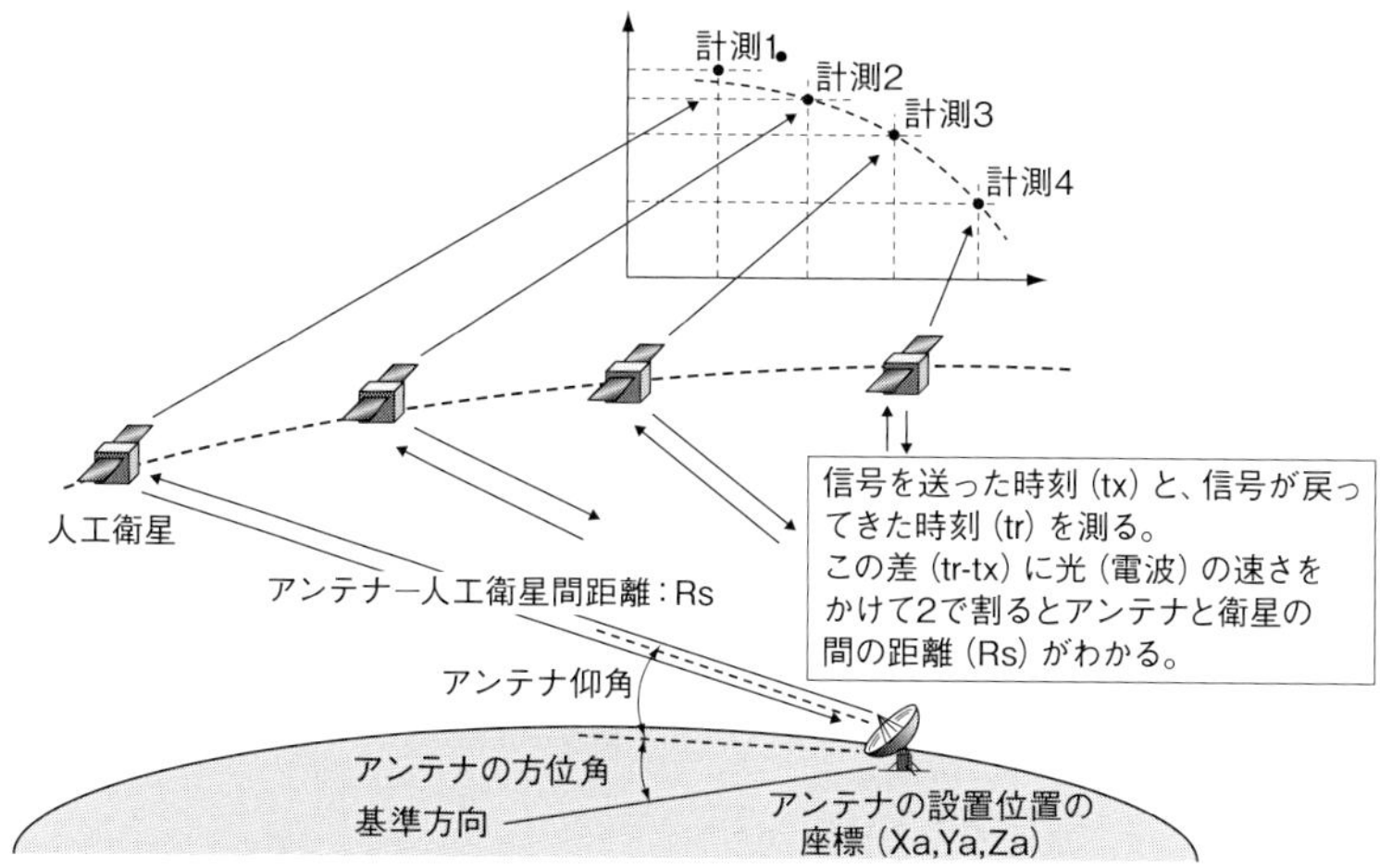

人工衛星が正しい軌道を保ち続ける方法とは?

人工衛星は一度正しい軌道に入れたとしても、大気抵抗や、地球の重力のばらつき、太陽光の圧力の影響、月や太陽の引力による影響など、さまざまな要因によって、時間が経つにつれ、軌道がズレてくることもある。軌道が所定の範囲から外れたら修正しなければならない。

静止衛星は東西南北に微調整しながら「静止」している

静止衛星は何もしないでおくと、軌道面が、どんどん南北に傾いていく、つまり、0度に近かった軌道傾斜角が、少しずつ大きくなっていくことが知られている。

これは、太陽や月の引力による影響や、地球が完全な球形でない(赤道方向にふくれている)ためだが、この誤差を放置しておくと、地上からは静止衛星が南北に動いているかのように見えてしまう。

ズレが大きくなって、所定の範囲から外れると、通信や放送などのミッションに支障が出る。

このズレを調整するのが、「南北制御」と呼ばれる軌道制御だ。人工衛星に搭載された小型ロケットエンジン、または、イオンエンジンを噴射して、ズレた軌道傾斜角をゼロに近い角度に戻す微調整作業である。

南北制御は定期的に行なう必要があるため、燃費(比推力)がよければ燃料が長持ちし、寿命も延びる。こうした理由で、イオンエンジンが使われることが多い。

また、静止軌道は、同じように東西方向にも軌道のズレがある。重力のばらつきや、太陽光の圧力によって、真円に近かった軌道が段々ひしゃげて楕円に近くなる。そうすると、人工衛星は、地上から見たとき、1日周期で東西に行ったり来たりする。さらに放っておくと、この幅がだんだん大きくなり、地上のアンテナから外れてしまうので修正する必要がある。そのためのエンジン噴射が「東西制御」である。

「南北制御」と「東西制御」は、ど

のくらいの頻度で行なうのだろうか。

　たとえば超高速インターネット衛星「きずな」の場合は、南北制御は、概ね週に４回、東西制御は週に１回程度の頻度で実施されている。

国際宇宙ステーションもエンジンを噴射して高度を維持

低軌道を周回する人工衛星で問題となるのは、わずかながら存在する大気の抵抗により、徐々に高度が下がることだ。高度が下がると大気抵抗は大きくなるので、高度は加速度的に下がっていき、ついには大気圏に突入して燃えてしまう。

　これを避けるために、ある程度、高度が下がると、加速するようにエンジンを噴射し、軌道高度を上げる作業を行なう。

　高い高度の大気の密度は、太陽活動が活発かどうかによっても変動する（太陽活動が活発だと密度が高くなる）。そのため、高度制御の頻度は時期によっても異なるが、陸域観測技術衛星「だいち」の場合は、ミッションの運用計画に応じて実施されたため、その間隔は、４日～28日とさまざまであった。

　ちなみに、国際宇宙ステーション（ＩＳＳ）が飛行している高度は３５０～４００km程度。この高度は、ほかの人工衛星よりもかなり低く、大気の抵抗は比較的大きい。

　放っておくと１か月で数kmほども高度が下がってしまうので、定期的にエンジンを噴射して高度を維持する必要がある。

◉静止衛星の見え方◉

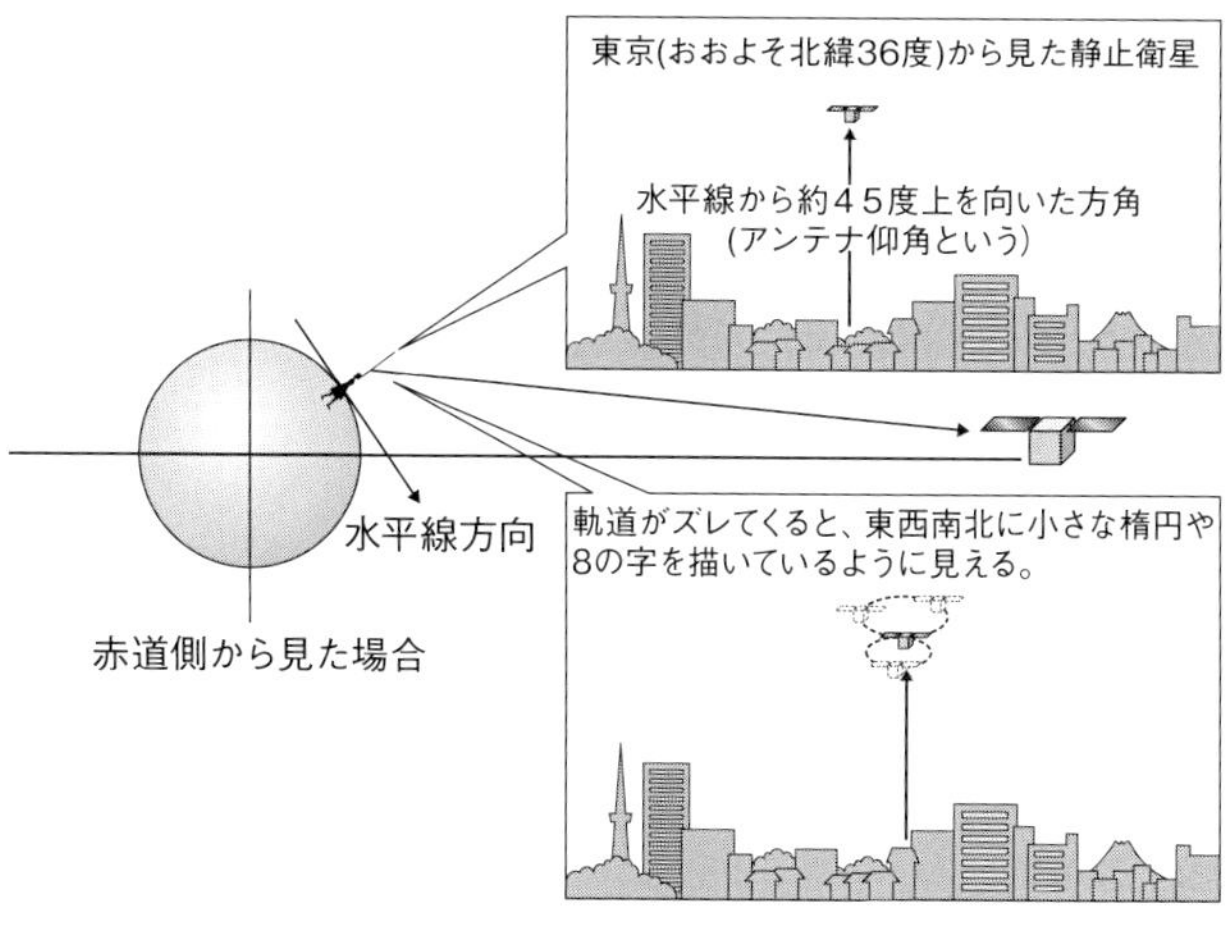

どれくらいのスピードで人工衛星は飛んでいるのか

人工衛星の速度は、軌道の高度のみによって決まる。つまり、同じ軌道高度の人工衛星は、必ず同じ速度と周期で地球を回っているということになる。では、実際に、どれくらいの速さで飛んでいるのか。

静止衛星は高度3万6000㎞を秒速3㎞の猛スピードで飛んでいる

地球を周回する人工衛星の軌道に最も大きな影響を与えているのは地球の引力だ。太陽や月の引力の影響は小さいため、本項では考えないことにする。

人工衛星は、どこまで行っても、地球の引力で引っ張られる。引力は距離の2乗に反比例して弱まるが、軌道高度1000㎞でも、地表の4分の3くらいの力になる。宇宙空間でそのまま止まっていたのでは、やがて地上に落ちてしまう。42ページで説明したように、水平方向に、秒速7・9㎞（第一宇宙速度）で飛び出すと地球を回り始める。秒速11・2㎞で飛び出すと地球の引力を脱して、太陽の周りを回り始める。

その中間の速度で飛び出した人工衛星は、ケプラーの法則に従って楕円軌道（次ページの図参照）を回り始める。

静止衛星や月探査衛星は、ロケットから切り離されるときに、この中間の速度で分離される。

「はやぶさ」のように地球の引力を離れて他の惑星を目指して飛び出す人工衛星は、第二宇宙速度以上の速度で分離される。

楕円軌道上の人工衛星の速度は周期的に変化する

楕円軌道に乗った人工衛星の速度は、ケプラーの第二法則に従って周期的に変化する。

地球に一番近いところ（近地点）で最大速度になり、一番遠いところ（遠地点）で最小になる。

近地点では速く回るので、遠心力

が引力に勝って、人工衛星は高いほうへと昇りつつ、次第に速度は遅くなる。

遠地点に達すると、引力に引っ張られて落ちるように地球に近づきつつ速度を速める。ボールを斜め上に投げると放物線を描くのに似ている。この運動を周期的に繰り返すのが楕円軌道の運動である。

◉人工衛星のスピード（近地点と遠地点）◉

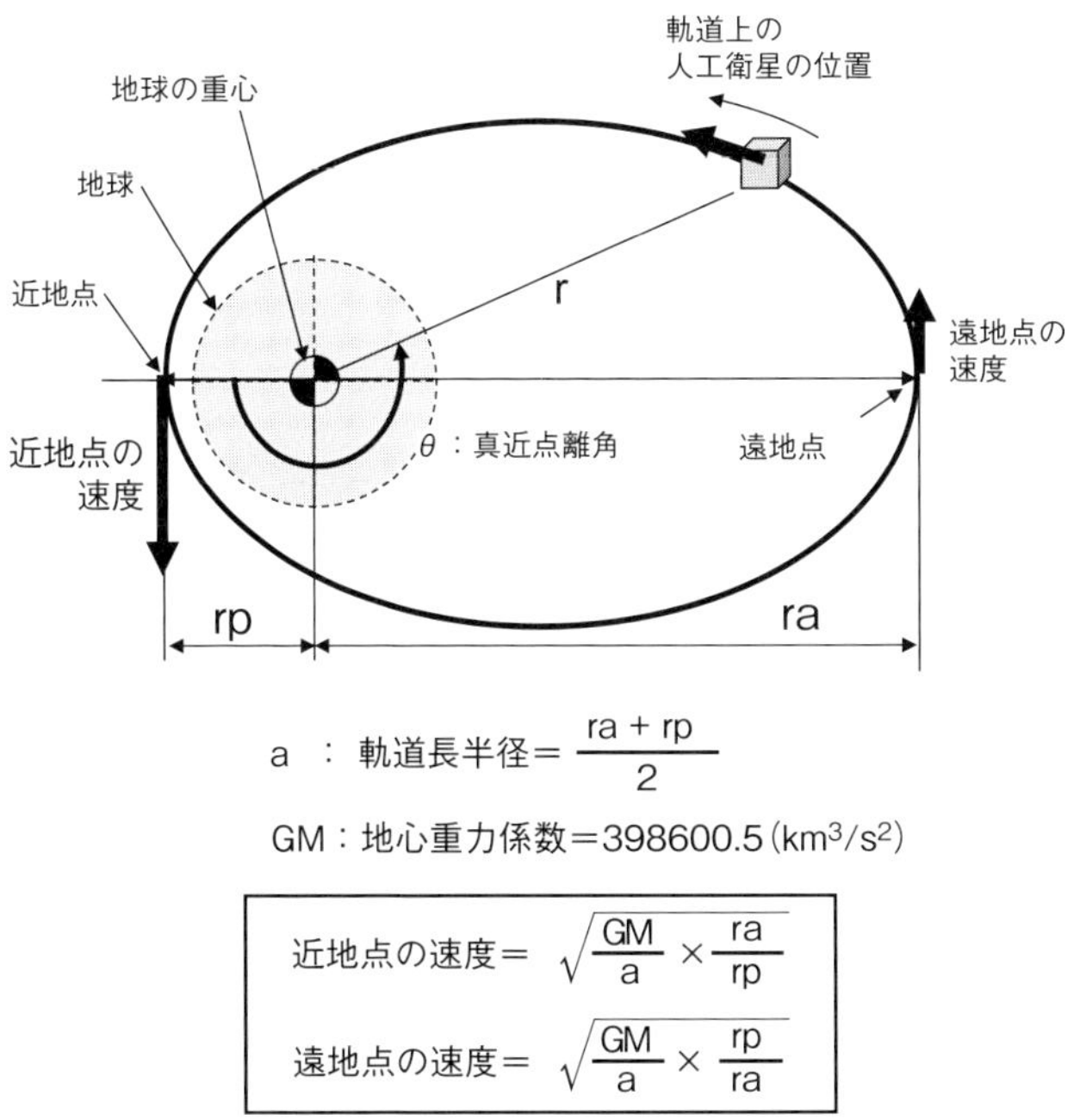

　上の図に、遠地点の速度と、近地点の速度の計算式を示しておいた。

　たとえば、静止トランスファー軌道の近地点半径を6600km、遠地点半径を4万2000kmとすると、遠地点の速度は約1・14km／秒になる。静止衛星の速度は、49ページの表に示したように、約3・1km／秒である。つまり、人工衛星は、静止軌道に入る（高度変更）ために、1・14km／秒から、3・1km／秒まで一気に加速しなければならないということだ。

　日本から打ち上げた静止衛星は、この高度変更以外に、軌道傾斜角の調整も必要になるので、打上げ質量の半分以上もの燃料が必要になるというわけだ。

COLUMN

人工衛星の所在がわかる「ケプラーの軌道6要素」とは？

人工衛星の軌道を表わす指標として「軌道6要素」と呼ばれるものがある。いわば人工衛星の戸籍のようなもので、人工衛星が、どの辺を、どのように飛行しているかがわかる。

新聞や雑誌の記事にも使われている軌道傾斜角とか離心率という言葉の元が「ケプラーの軌道6要素」である。人工衛星の軌道について理解するために、121ページの図の補足説明としてお読みいただきたい。

なお、（ ）内に書いてある記号は、前ページならびに次ページの図および数式で用いているものである。

①軌道長半径（a）

楕円軌道の長いほうの径（長径）の半分。これがわかると、その軌道を回っている人工衛星が、何時間で地球を1周するか（周期）がわかる。

②真近点離角（θ）

通常、軌道は楕円形で、回転中心（地球の重心）に一番近い点を「近地点」という。そこから測った人工衛星の位置（角度）を表わす。

③離心率（e）

回転中心から一番遠い点を「遠地点」という。遠地点と近地点の距離の差を長径で割った値で、回転中心が楕円の中心（長径と短径の交叉点）から、どれくらい離れているかを示している。

$$\text{軌道長半径 (a)} = \frac{ra + rp}{2}$$

$$\text{離心率 (e)} = \frac{ra - rp}{ra + rp}$$

以上で軌道の形と人工衛星の位置は決まった。次は地球の周りをどのように回っているかだ。

地球との関係を表わす基準が赤道面。

赤道面と軌道面の関係がわかれば、どのように地球を回っているか、はっきりする。

赤道面と軌道面は、地球の重心と交叉する線（交線）を共有しているのでこれらも基準にする。

④軌道傾斜角（i）

これは、ふたつの面の交叉する角度。

⑤昇交点赤経（Ω）

これは、交線が赤道面上のどの方向にあるかを示したもの。春分点方向（春分の日に太陽がいる方向）から測った角度。

⑥近地点引数（ω）

最後は、軌道面上に軌道が、どう配置されているかを示すもの。昇交点側の交線と軌道の近地点方向を示す線との角度。

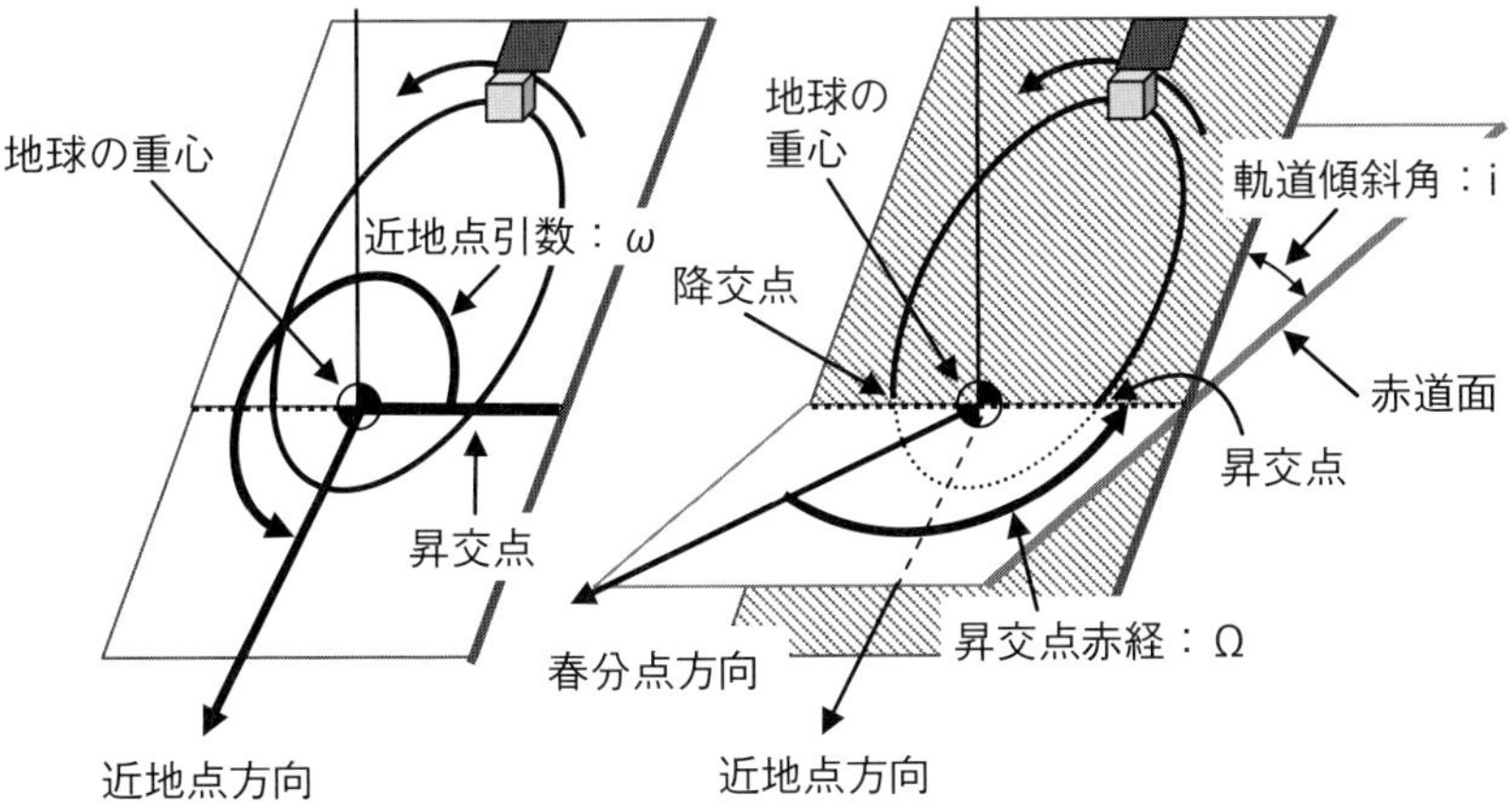

人工衛星が赤道面を通過するとき、南から北へ昇る点を「昇交点」、北から南へ降る点を「降交点」という。

人工衛星は落ちないの？ 万が一の危険は回避できるのか

2011年の9月には米国の観測衛星「UARS」が、その翌月にはドイツのエックス線観測衛星「ROSAT」が、相次いで地球に落下するということで話題になった。人工衛星は、いつかは地球に落ちてきてしまうのだろうか？

低い軌道の人工衛星はブレーキがかかっている

外部から大きな力がはたらかないかぎり、基本的には人工衛星が軌道を外れることはない。

だが、人工衛星が地球に落ちてくることは実際にある。宇宙空間は真空であるとはいうが、まったく何もないわけではない。

たとえば、宇宙ステーションが使っている高度350km付近の大気は、地表の1000億分の1程度の密度がある。

宇宙空間では、この程度の密度の大気でも、抵抗力としてはたらく。その結果、人工衛星は、ゆっくりではあるが、少しずつ高度を下げ、ついには地球に落下する。

2011年9月には米国の観測衛星「UARS」が、同年10月にはドイツのエックス線観測衛星「ROSAT」が落下し、話題となったことは記憶に新しい。

UARS（1991年に打上げ）の周回高度は575〜580km程度だったが、2005年の運用終了時に近地点の高度を350km程度にまで落とし、以降、徐々に高度が下がってきていた。

エンジンを噴射してわざわざ高度を下げたのは、少しでも早く地球に落として、軌道上のデブリ（宇宙ゴミ）を増やさないようにするための配慮である。

現在、地球の周りを回っている人工衛星は、およそ6000機程度といわれている。そのほとんどが、高度1000km以下の低い軌道を回っている。

これらの人工衛星がミッションを

終了し燃料を使い果たした後に、どのように処分されるかが、重要な問題となっている。

制御できるうちにあえて落下させる理由

制御できない人工衛星であれば、どこに落ちるかは運次第になってしまう。可能性は極めて小さいものの、万が一、大都市にでも落ちてしまえば、それだけ被害のリスクは高くなる。

そのため、なるべくなら軌道変更用の燃料が残っているうちに、安全な海域に落とすのが望ましい。

その大規模な例が、旧ソ連の宇宙ステーション「ミール」だろう。

ミールの重量は130トンほど。あまりにも大きいため、再突入時には燃え残りが数十トン規模で地表まで届くと見られていた。

ミールは、地上落下時の安全確保のため、2001年にエンジンを噴射して、大気圏再突入し、破片は事前の計画どおり、南太平洋に落下した模様だ。

日本では、宇宙ステーション補給機「こうのとり」が国際宇宙ステーション（ISS）まで物資を輸送しているが、ISSに係留後、不要品を搭載して離脱。再突入させて焼却処分している。こちらも落下場所は南太平洋。

落下予想範囲は国際的に通達されており、この範囲内に落とすことができれば、航空機や船舶への被害を確実に避けることができるのだ。

◉大気圏への再突入で高熱になるのは空気との摩擦熱のせいではない!?◉

スペースシャトルの周囲は耐熱タイルで覆われている。これは数千度にもなるという、大気圏への再突入時の高熱により、機体が溶けないようにするためだ。

だが、宇宙から帰還するときには、なぜこんな高温になるのだろうか。

空気との摩擦熱と誤解している人も多いかもしれないが、じつはそれは主要因ではない。摩擦熱もゼロではないが、一番大きな要因は「空力加熱」と呼ばれる物理現象によるものだ。

空気はぎゅっと圧縮されると熱くなり、逆に膨張させると冷たくなる性質がある。

自動車くらいのスピードであれば、空気は車体の脇に逃げて問題となることはないが、人工衛星などの再突入くらいの超高速になると、空気は横に流れる間もなく機体の前面で圧縮されて、高温になる。

空力加熱は、この熱くなった空気によって、機体が加熱されることである。

なぜ人工衛星には軌道制御が必要なのか

人工衛星の軌道は徐々に変化している。地球の重力場の不均一性の影響や、太陽や月の引力、大気抵抗などの力を受けるためだ。変化量が大きくなると、目標軌道からズレてしまうので、人工衛星に搭載されている小さなエンジンを使って軌道を元に戻す。これが「軌道制御」である。

外力によって正しい軌道からズレてしまう人工衛星

人工衛星は、外力がはたらかないかぎり、同じ軌道を回り続ける。しかし、現実には、地球の重力場の不均一性の影響、太陽や月の引力、大気抵抗などから受ける力で徐々に変化する。

変化量が大きくなると目標軌道からズレてしまう。これを目標値に戻すために、「軌道制御」と呼ばれる技術を使う。

この技術は、ロケットから切り離された人工衛星を、目標とする地球周回軌道（静止軌道や極軌道）に投入する際や、月、イトカワなどの目標の天体へ向かう軌道に投入する際などにも用いられる。

人工衛星の軌道を変更する方法には、次ページの表のように、エンジンを利用する方法と、外力を利用する方法がある。

軌道をズラす外力だがスイングバイには役立つ

外力を利用する方法は、科学探査衛星で使われることが多い。より少ない燃料でより遠いところまで行くための工夫で、かなり高度な技術が必要となる。

エンジンを利用する制御は、やり直しも可能だが、「はやぶさ」等が使ったスイングバイの場合、通過する天体との接近チャンスは基本的には1回しかない。目標とする通過点を極めて高い精度で通さないと、目標どおりの軌道には入れない。

「はやぶさ」では、イオンエンジンを使って継続的に軌道を調整し、針の穴を通すほどの高い精度を実現

● 人工衛星の軌道変更（軌道制御）の種類

エンジン利用 人工衛星に 搭載された 小型エンジンを 使う方法	面内制御	軌道面に平行な方向(面内）にエンジンを噴射して軌道を変更する。 軌道高度（軌道長半径）の修正·変更が行なえる。 軌道周期の調整や、離心率の修正・調整などに使う。 静止衛星の場合、「東西制御」「離心率制御」と呼ぶこともある。
	面外制御	軌道面に垂直な方向(面外）にエンジンを噴射して軌道を変更する。 軌道傾斜角の修正調整、昇交点赤経の変更を行なう。 軌道面を回転させるので、「面変更」、「面制御」と呼ぶこともある。 静止衛星の場合、「南北制御」と呼ぶこともある。
外力利用 天体の引力、 太陽輻射圧等の 自然外力を 意図的に 利用する方法 燃料は不要	天体の引力 (スイングバイ)	地球や月等の天体の引力を利用して軌道を変える方法。 「はやぶさ」等の科学衛星でよく利用される。 大きな軌道変更を、燃料なしで行なえる。正確に軌道を調整しないと、所望した軌道に入れないので、高度な軌道決定と調整が必要とされる。
	太陽輻射圧	太陽光の圧力を利用して軌道を変更する。長い時間を要する。 静止衛星は、太陽電池パドルに受ける太陽光の圧力で軌道が変化するが、その変化量を予め予測しておいて、燃料の節約をすることもある。「IKAROS」は大きな受光面で太陽光を受け、積極的に利用。
	大気抵抗 (空力ブレーキ、 エアロブレーキ ともいう)	軌道の近地点を下げ、近地点付近を通過する際の大気抵抗を利用して軌道の遠地点高度を下げたり、楕円軌道のアプシス(近地点と遠地点を結ぶ軸）の方向を変えることができる。この技術を世界で初めて実行したのが科学衛星「ひてん」。大気密度の正確なデータと、正確な近地点高度の制御技術が必要。スイングバイ同様、高度な技術である。

している。

「軌道制御はゴルフに似ている」と言う人もいる。

ボールをカップに入れるまでに打つ回数が少ないほうがいい。距離と方向の精度が高ければ、エネルギー最少で目標を達成できる。

◉引力と重力との違い◉

重力は、「地球上で、感じる力」とでも表現すればわかりやすいだろうか。たとえば、式で表現すると、「重力=引力ー遠心力」である。つまり、引力（下へ引っ張る力）から、遠心力を引いた残りが重力というわけだ。ちなみに宇宙空間で「無重力」を感じるのは、引力と遠心力が釣り合っているからで、これを式で表せば、「重力=引力ー遠心力=ゼロ」ということになる。

軌道高度の調整は、どうやって行なわれるの？

人工衛星の軌道高度は、ミッション遂行上、重要なパラメータのひとつといわれている。軌道高度とは、どんな役割をもっているのか？　どういう目的で軌道高度を調整するのか？　どのようにして軌道高度を調整するのか？

ミッションの遂行継続のために欠かせない軌道高度の調整

ケプラーの第三法則のとおり、軌道の周期は高度で決まる。静止軌道は地球の自転と同期するよう高度3万6000㎞を維持する。

観測衛星はカメラの焦点が合うよう高度を調整する。基本的な高度調整方法が「面内制御」と呼ばれる方法だ。

高度を調整するためには「面内制御」が行なわれる

1回の面内制御で変更できるのは、制御を行なう点と反対側の軌道の高度のみである。面内制御のメカニズムは、次ページの上図に示したとおりで、加速すれば反対側の高度が上がり、減速すれば高度は下がる。通常は、楕円軌道の近地点か、または遠地点でエンジンの噴射（「マヌーバ」という）を行なう。

円軌道の高度を上げたり下げたりする場合、マヌーバを2回行なう必要がある（次ページ下図）。高度を下げる場合を考えてみよう。

まず、最初の円軌道のどこかで減速（ブレーキ）制御を行なうと、その反対側の軌道高度が下がる。予め、どの程度エンジンを噴けば、どの程度高度が下がるかを計算しておき、エンジンを噴かす。

制御がうまくいけば、最初の円軌道と、目標にしている円軌道に接する楕円軌道に入る。

続いて、楕円軌道の近地点に来たときに、もう一度ブレーキをかけると、反対側（楕円軌道Aの遠地点）の高度が下がる。正確に制御できれば、終了後には、人工衛星は、目標とする内側の円軌道に入っているはずである。

◉面内制御◉

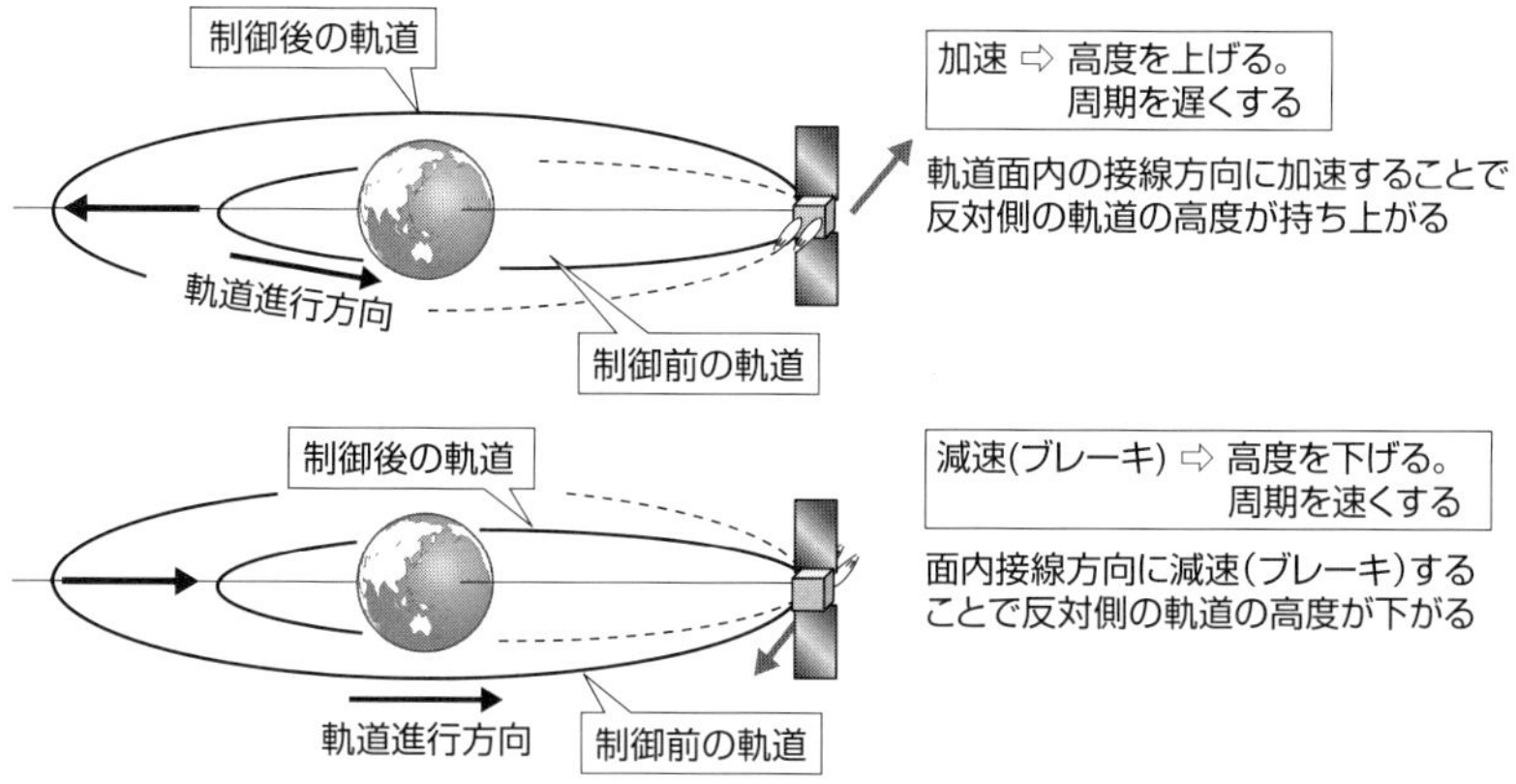

◉円軌道から円軌道への変更◉

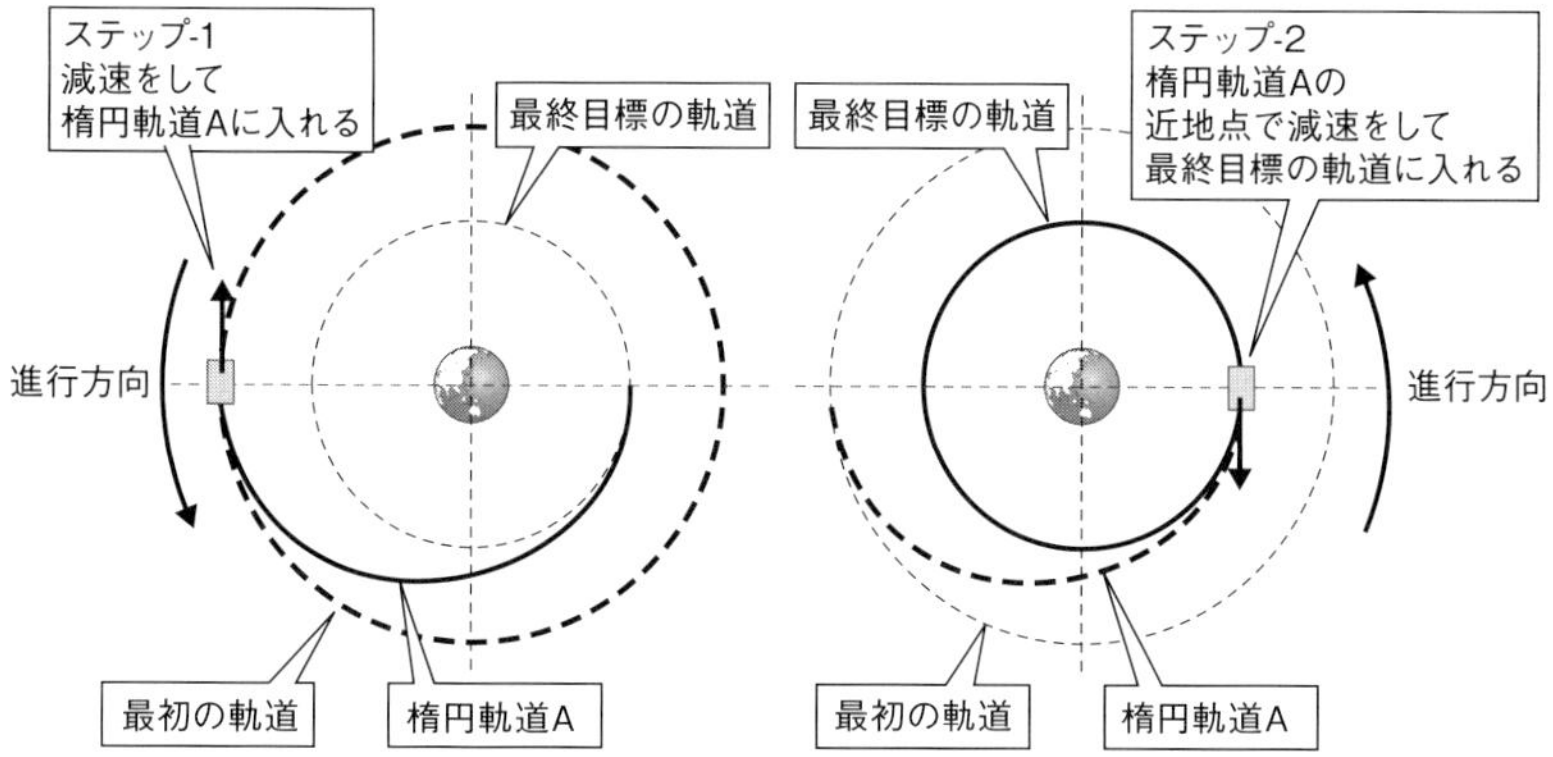

減速（ブレーキ）制御を行なって、
遠地点が、最初の軌道と同じ高度、
近地点が、最終軌道高度と同じ高度の
楕円軌道Aに入れる

人工衛星が、
楕円軌道Aの近地点を通過するときに、
再び、減速（ブレーキ）制御を行なって、
楕円軌道Aの遠地点の高度を下げて、
最終目標の軌道（円軌道）に入れる

では、軌道傾斜角の調整をどんな方法で行なうのか

人工衛星の軌道傾斜角も、高度と同じように重要なパラメータのひとつである。軌道傾斜角がもつ役割とは何か？　それを維持する目的とは？　そして実際に、どうやって調整されているのか。

静止軌道の軌道傾斜角を常にゼロ度に維持したい理由

軌道傾斜角は、軌道面と赤道面のなす角度で、静止衛星はゼロ度だ。この角度がズレると、静止衛星が南北にふらつくので地上の受信レベルが変動し、通信や放送サービスに影響が出る。また、気象衛星は対象を正しく撮影できなくなる。

軌道傾斜角をゼロに戻すために「面外制御」が行なわれる

面外制御を行なえば軌道傾斜角を変更できる（次ページの上図参照）。地球周回軌道であれば、どの軌道面も必ず地球の中心を通っているので、軌道面Aと、軌道面Bは、必ず1本の線で交わっている。軌道面の変更は、この交線を軸に軌道を回転させる方法と考えればわかりやすい。人工衛星がこの交差点を通過するタイミングでマヌーバ（エンジンの噴射）を行なって、進行方向を変える方法である。電車のレールのポイント切替えに似ている。

静止衛星の軌道傾斜角の維持も、基本的な仕組みは同じである。

軌道によっては「面内制御」が1回で可能な場合もある

最後に、もうひとつ。前項で面内制御に関して、2回の制御が必要と書いたが、じつは、1回でできることもある。

次ページの下の図Aのように、現在の軌道と目標軌道が、まったく交わらない場合は、最低2回のマヌーバが必要だが、図Bや図Cのように、ふたつの軌道がどこかで交わっている場合は、その交差する点で、

◉面外制御◉

面外制御は、軌道面の傾きを変更したり、軌道の軸を回転させたりする制御である。

下の図は、ふたつの軌道面(A,B)と、各軌道面に垂直な軸(a.b)を示している。

ちなみに、軸a,bを、軌道の回転軸とか、軌道面ベクトルとか呼ぶこともある。コマの回転軸と同じイメージで考えてもらえばよい。

軌道面の制御というのは、このコマの軸を傾ける(回転させる) 制御と考えてもらえればよい。

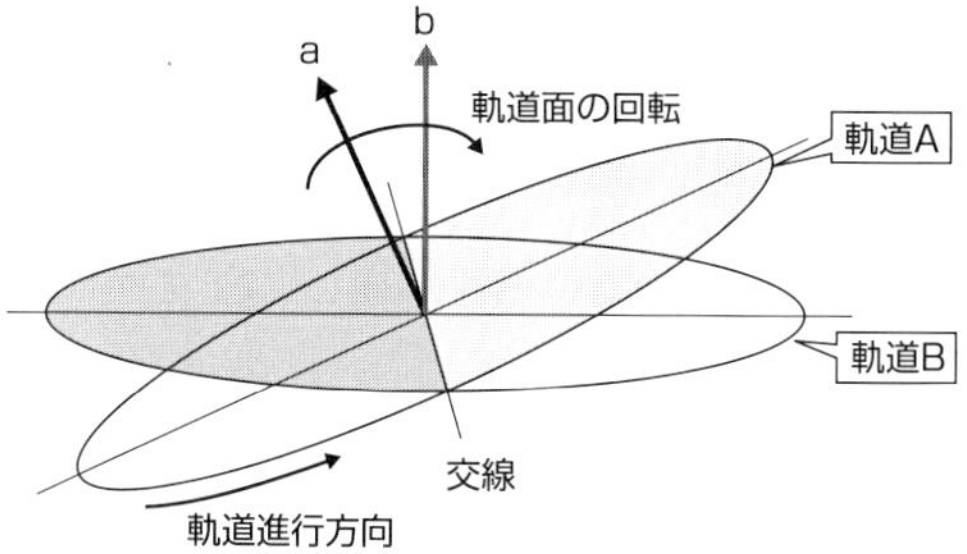

軌道Aから軌道Bへ変更する場合、
ふたつの軌道面が交叉する軸を回転軸にして、面の回転を行わせるような軌道制御を行う。

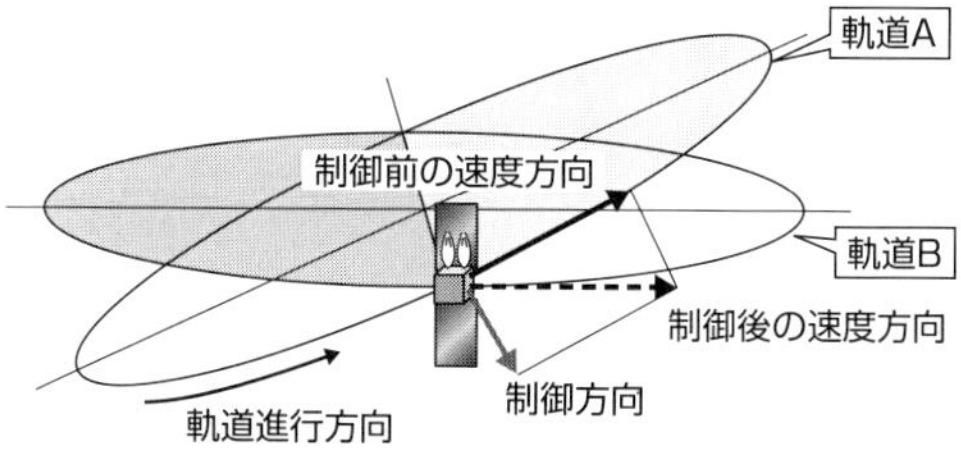

◉面内制御を1回で済ませる方法◉

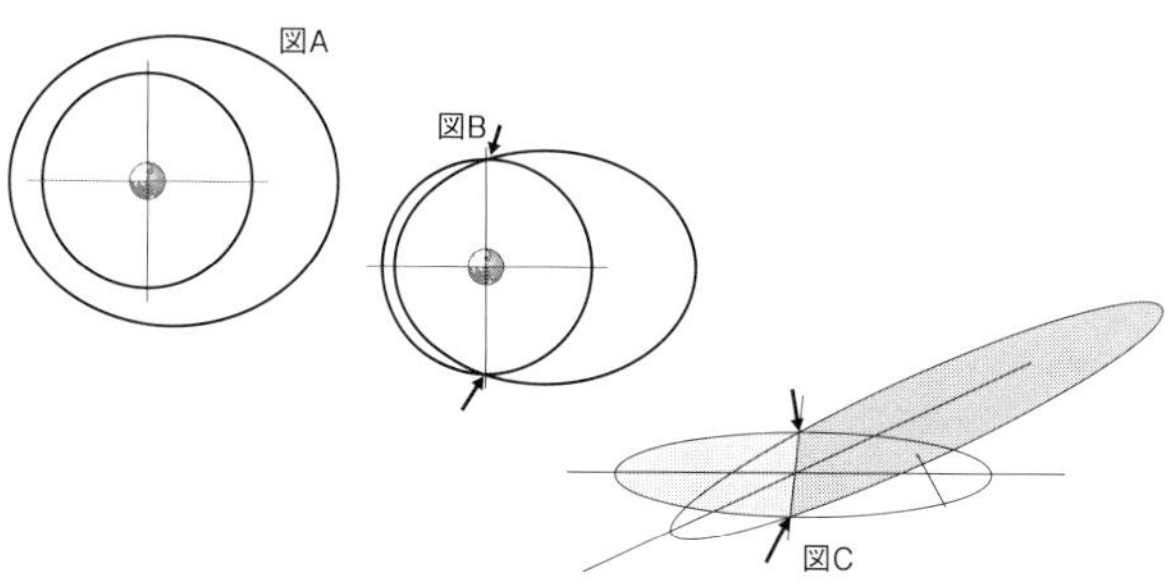

マヌーバを行ない、目標とする軌道が、その点においてもつべき速度と方向をつくれば、1回のマヌーバで、目標軌道へ移行できる。

どんなエンジンや燃料が人工衛星に積まれているの？

人工衛星のエンジンは、ロケットエンジンに分類される。人工衛星に関わる技術者たちは、これをスラスタ（推進装置）と呼ぶ。スラスタは軌道制御や姿勢制御に使われるもので、燃料や仕組みによっていくつかの種類がある。

人工衛星のエンジンに求められる「推力と比推力」の2つのチカラ

人工衛星のエンジンの役割は、「高速なガスを噴射して、その反動で推力を得ること」である。人工衛星は、その力を使って、軌道を変え、姿勢を制御する。

エンジンは、ガスを高速化する方法の違いにより「化学推進」と「電気推進」に大別される。

エンジンの性能を表わす指標のひとつが「推力の大きさ」だ。

自動車のエンジンの出力は「馬力」で表わすが、人工衛星では推力の大きさに「N（ニュートン）」という単位を使う。

1Nは地上で約100gの物体にかかる重力の強さとほぼ同じである。推力が大きければ大きな加速度が得られる。同じ加速度を得ようとした場合、人工衛星が重くなれば、より大きな推力のエンジンが必要となる。

もうひとつの指標は「比推力」。ロケットエンジンの燃焼効率を表わす指標である。燃料流量に対する推力の大きさを示すもので、一種の燃費のようなものだ。

人工衛星にとって、比推力は非常に重要な指標である。なぜなら、搭載する燃料の量と密接に関わってくるからだ。

比推力が10倍であれば、燃料は10分の1で済む。燃料の重さが同じなら、10倍長く使える。これは大きなメリットだ。つまり寿命が延びる。

一般的に、大きな「推力」が得られるのが化学推進で、「燃費」に優れるのが電気推進。

また、化学推進系のスラスタに

は、さまざまな推力のものがあり、人工衛星のミッション（目的）に応じて選択できる。

空気のない宇宙空間でエンジンが機能するメカニズム

化学反応を利用するのが化学推進エンジンだ。化学推進には2液式と1液式といった種類がある。2液式は、燃料と酸化剤を混ぜて燃焼させて、高温・高圧のガスを発生させて推力を得る。

宇宙空間には空気がないため、燃焼に必要な酸素を外から取り込むことはできない。

飛行機や自動車のエンジンとは違って、燃料のほかに酸素を含んだ酸化剤も用意する必要がある。

1液式は、燃料のみを利用する。燃焼反応の代わりに触媒で分解反応を起こしてガスを発生させる。

比推力は2液式にくらべて2～3割ほど低下するが、仕組みがシンプルで小型化に向いている。

そのため、比較的小さな推力を必要とする姿勢制御用のスラスタに採用されることが多い。

◉化学推進エンジンの仕組み◉

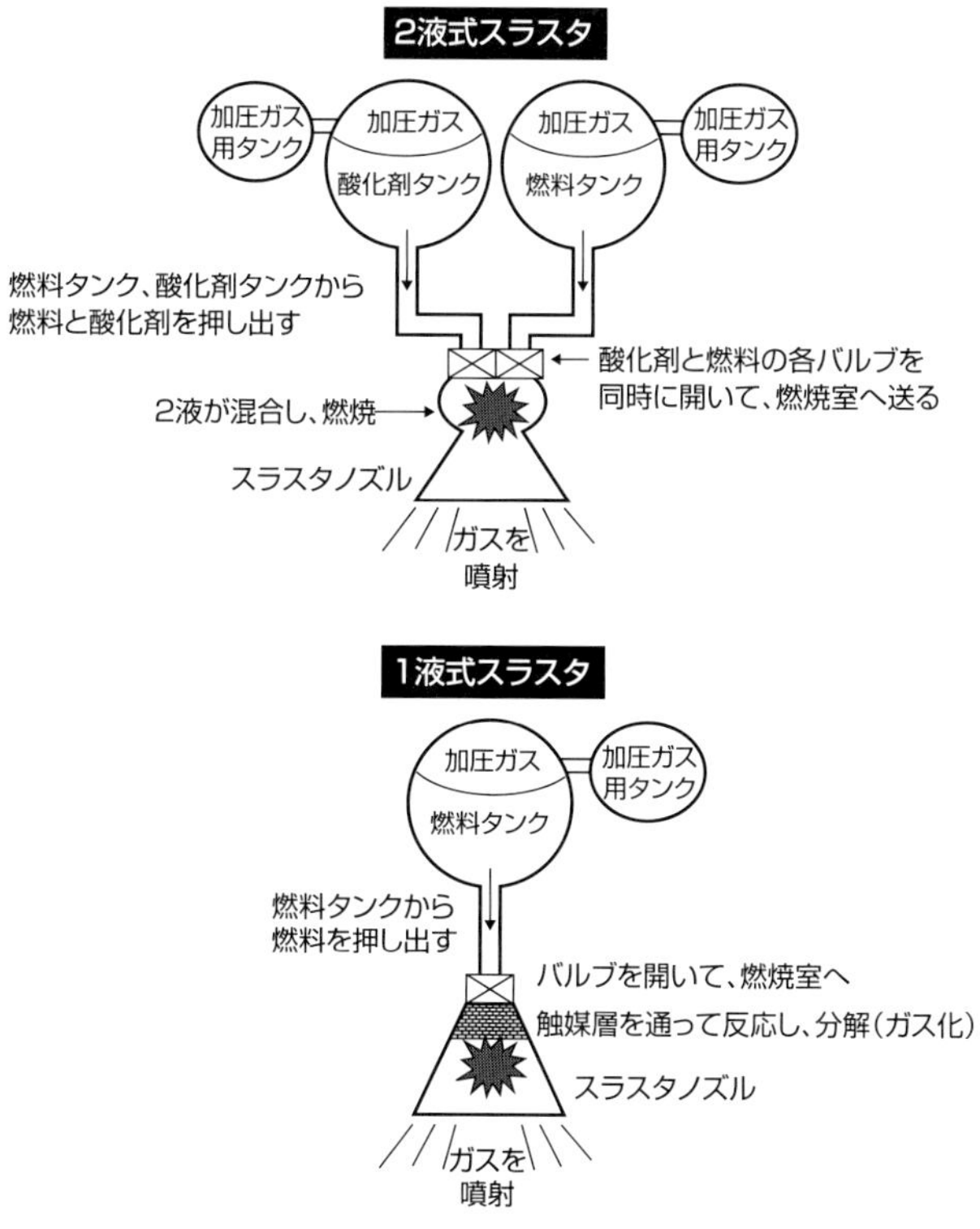

電気推進のエンジンは燃費の良さが特長

電気的な効果によって粒子を加速するのが電気推進エンジンだ。ここでは、そのひとつであるイオンエンジンについて説明する。

イオンエンジンは、推進剤の粒子をイオン化して、それを電場の中で加速して噴射する。イオンはマイナスならプラスの電気に、プラスならマイナスの電気に引っ張られる。

粒子の噴射速度は、化学推進の燃焼ガスの10倍ほどの高速にすることが可能で、秒速30㎞にも達する。

比推力が高いということは、噴射速度が速いということ。つまり、同じ重さの推進剤を積んでいても、噴射速度が速ければ、より大きな加速が得られる。

化学推進と電気推進の決定的な違いは、この比推力である。

ただし、イオンエンジンの推力は小さい（10ミリニュートン程度）。そのため必要な加速を得るためには長時間、噴射する必要がある。そのぶん、消費電力も大きくなる。

イオンエンジンは商用の静止衛星で多用されている。静止衛星の軌道制御用燃料のほとんどは、軌道傾斜角の維持に使われる。静止衛星の長寿化には、イオンエンジンが欠かせない。

宇宙では点火プラグがなくても発火する燃料が必要

では、実際に、どのような燃料が使われているのだろう。

ロケットでは、化学推進のなかでも最も比推力が高い液体水素（燃料）と液体酸素（酸化剤）の組合せが使われることもあるが、水素は極めて分子が小さいため、わずかな隙間から漏れ出してしまう。また、極低温を維持する必要もあり、宇宙空間では扱いが難しい。

人工衛星の燃料には、保管が容易で、かつ比推力の高いものが求められる。

その結果、ほとんどの人工衛星ではヒドラジン系が使われている。

ヒドラジンは、窒素原子が2個と水素原子が4個で構成される無機化合物。アンモニアに似た刺激臭のある無色の液体で、比較的、長期間の保存が可能である。

酸化剤と混合するだけで発火する性質があり、エンジンの箇素化が可能になる（ガソリンエンジンのような点火プラグは不要）。

また、触媒とも反応してガス化するので、一液式にも使える。

ただし、人体に有害といった短所

もあるため、地上での取扱いには注意が必要だ。

二液式には「ヒドラジン（燃料）／四酸化二窒素（酸化剤）」という組合せや、ヒドラジンの水素原子1個をメチル基（炭素原子1個と水素原子3個）に置き換えた「モノメチルヒドラジン（ＭＭＨ）／四酸化二窒素（酸化剤）」という組合せがある。モノメチルヒドラジンは、ヒドラジンよりも凝固点が低いので扱いやすい。

ヒドラジンの凝固点は、水とほぼ同じで、0℃近くで凍ってしまうため、タンクや配管にヒーターを設置する必要があり、人工衛星の設計が複雑になる。しかし性能（比推力）はモノメチルヒドラジンよりも上であり、それぞれ一長一短があるというわけだ。

一方、電気推進の燃料は、まったく異なる。

イオン化しやすいものが望ましいことから、アルゴン、クリプトン、キセノンといった希ガス類が多用される。なかでも、原子番号の大きい（質量の大きい）キセノンが利用されることが多く、「はやぶさ」のイオンエンジンにはキセノンが使われた。

ほかには、電気推進方式にもよるが、リチウムやビスマス、セシウム、インジウムなどが使われている事例もある。

◉「はやぶさ」でも活躍したイオンエンジンのメカニズム◉

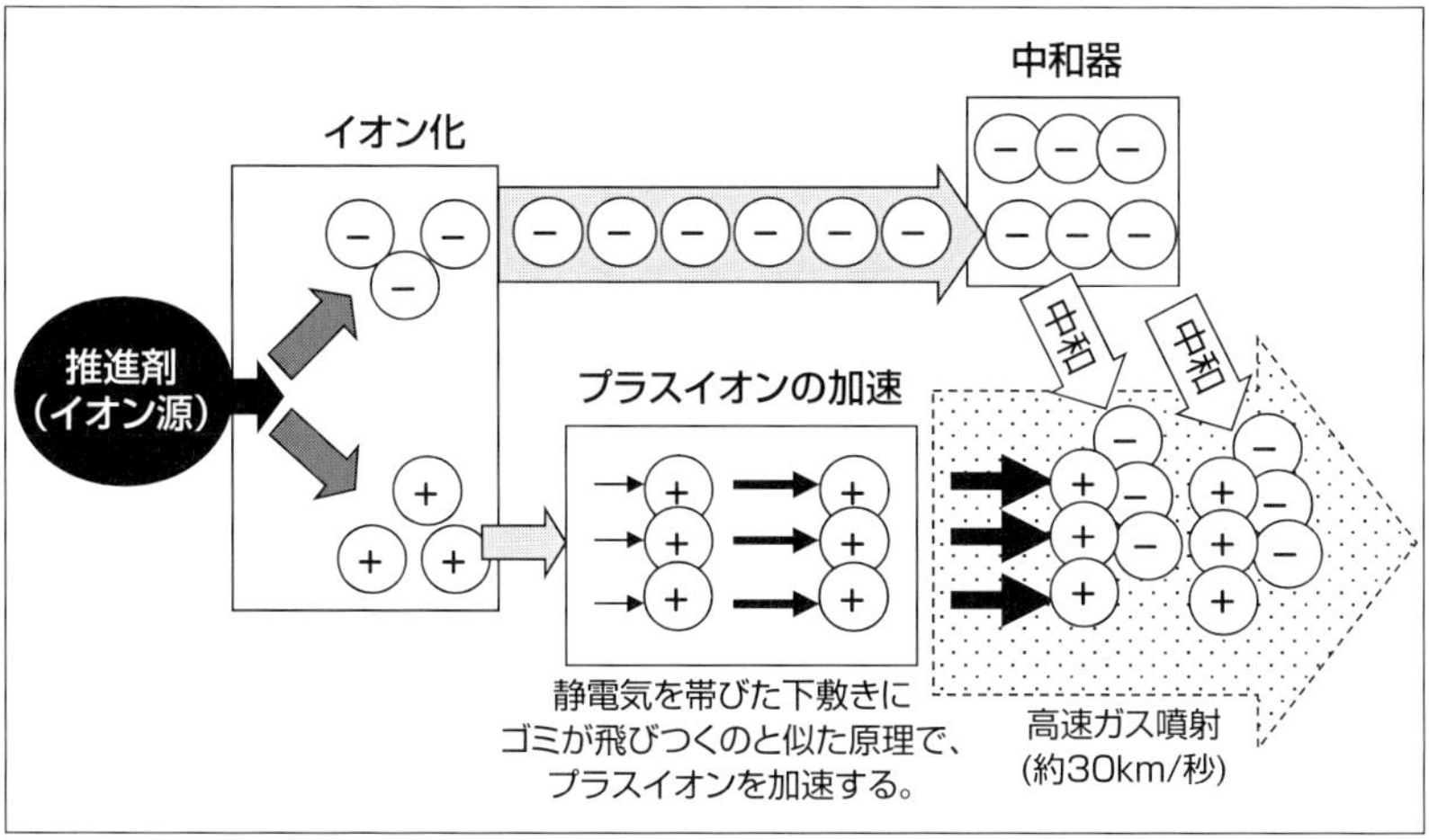

COLUMN

「はやぶさ」で注目を集めたイオンエンジンは日本独自の技術

▶▶イトカワからのサンプルを持ち帰るため4万時間もの長時間噴射――

小惑星への往復飛行には、当然ながら片道よりも多くの燃料が必要となるが、M―VというJAXA（旧宇宙研）が自主開発した純国産の科学衛星用ロケットで、太陽周回軌道に投入するためには、「はやぶさ」の総重量を500kgに抑えなくてはならなかった。

わずか500kgの「はやぶさ」が数億kmも離れた小惑星に到達し、サンプルを持ち帰るというミッションを達成するためには、イオンエンジンは不可欠の技術だったのである。

「はやぶさ」には、直径10cmのイオンエンジン「μ10（ミュー・テン）」が4基搭載された（最大3基までの同時運転が可能）。

推進剤は希ガスのキセノン（原子番号54、元素記号：Xe）で、推力はエンジン1基あたり8ミリニュートン。

これは地上で1円玉1枚も持ち上がらないような弱い力だ。

だが、延べ4万時間という長時間噴射することで、ロケットで太陽周回軌道に投入された後、軌道を微調整して、地球とのスイングバイを成功させ、小惑星にランデブーしてサンプル（試料）を持ち帰り、NASAも驚くほどの精度でオーストラリアの目標地点に着地させるという、史上初の快挙を実現させた。

キセノンガスというのは、元素の周期率表では、ヘリウム、ネオン、アルゴン等と同じ希ガスに属するものだ。

▶▶実力を証明したイオンエンジンが「はやぶさ2」にも搭載される予定―

「μ10」の特徴は、従来のイオンエンジンにくらべて寿命が長いことだ。

イオンの生成にマイクロ波を使う方式を開発したことで、劣化の原因となっていた放電電極を排除した。

また、イオンの加速に用いるグリッド（電極）にカーボン複合材を採用し、耐久性も向上した。

「はやぶさ」は地球まで帰還することで、この「μ10」の信頼性の高さを実証した。

これらの方式は、原理的には知られていたが、難易度が高く、実現されていなかった。

軽量化と長寿命という「必要」が生んだ「世界初（発明）」ということだ。

「はやぶさ」の帰還後、「μ10」は人工衛星・探査機用のイオンエンジンとしてNECが製品化、米エアロジェット社と協力して販売活動が行なわれている。

スペックは基本的に「はやぶさ」搭載品と同じであるが、推力は10ミリニュートンに向上している。

後継機である「はやぶさ2」にも搭載される予定だ。

5章

万が一のトラブルにも対処できるのか

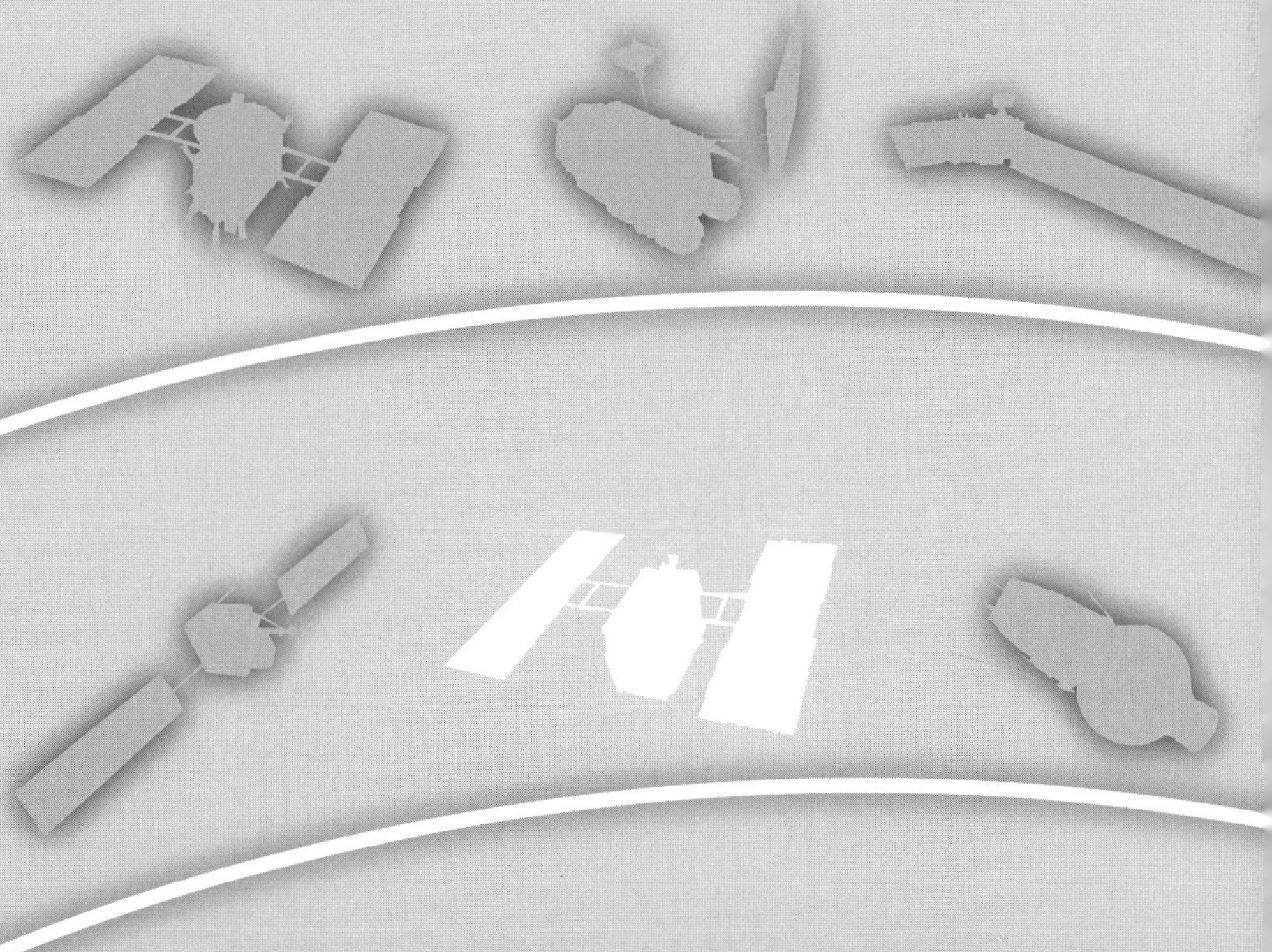

「はやぶさ」の帰還は技術者の想像力なくしてあり得なかった！

小惑星探査機「はやぶさ」の帰還は、日本中に感動をもたらしました。

幾多のトラブルに見舞われ、満身創痍になりながらも、小惑星の物質が入ったカプセルを地上に届け、みずからは大気圏で燃え尽きた「はやぶさ」。

そんな〝健気〟な姿が、人々の心に触れたのでしょう。

もちろん、人工衛星はトラブルが起きないようにするのが理想です。それでも「思いがけないこと」は起こってしまいます。

そのため、人工衛星にはトラブルを未然に防ぐためのさまざまな仕組みと、「思いがけないこと」が起こったときの対策が幾重にも用意されています。

あの「はやぶさ」も、そうした仕組みを駆使して地球への帰還を果たしました。

本章で紹介するのは、トラブルを防ぐための技術、そして万が一、トラブルが発生してしまったときの対処法です。

宇宙で働いている人工衛星は、壊れたからといって、気軽に修理には行けません。

そのため、人工衛星には高い信頼性が求められています。

トラブルを防ぐための最も基本的な方法は、「冗長化」と呼ばれる考え方です。これは決して、宇宙だけの特殊な考え方ではありません。冗長とは、わかりやすくいえば、同じものを余分に用意しておくことです。じつは、皆さんも日常的に、同じようなことをやっているはずです。たとえば、自動車のスペアタイヤも一種の冗長といえるでしょう。

「はやぶさ」は復路において、最後の最後にイオンエンジンが故障。絶体絶命のピンチになりましたが、このとき「はやぶさ」を救ったのは、1本のダイオードでした。

このダイオードで、壊れた2台のエンジンの正常な部分を繋ぎ合わせて、1台のエンジンとして動かすことに成功、「はやぶさ」は地球に帰還することができました。

もともと、このダイオードは設計時にはなかったものですが、完成前に「非常時に役立つ」として、組み込まれたものでした。

「想定外」という言葉もありますが、どんなトラブルが起きる可能性があるかを、事前にどれだけ考え抜いて準備ができるか ―― 宇宙はそういう「想像力」が生死を分けることもある厳しい世界なのです。

人工衛星の大きさはどれくらい？ 重さはどんなものなの？

1970年に打ち上げられた日本初の人工衛星「おおすみ」は、長さ1m、質量は23・8kgというものだった。現在は、どれくらいの大きさ・重さの人工衛星が打ち上げられているのだろうか。

10トンの人工衛星でも低軌道なら、打上げ可能

数トンクラスの大型衛星から1kgのキューブサット（10cm角）まで、人工衛星の大きさや重さは、じつに多種多様だ。

明確な定義があるわけではないが、たとえば大型衛星（1・5トン以上）、中型衛星（500kg～1・5トン）、小型衛星（100～500kg）、超小型衛星（100kg以下）といった呼び分けをする場合もある（重さは一例）。

人工衛星の大きさや重さは、ロケットの打上げ能力と密接な関わりがある。大きすぎればフェアリングの中に入らないし、重すぎたら持ち上がらない。つまり人工衛星は、打上げに使う予定のロケットの能力を考えて設計されることになる。

ただし、同じロケットでも、軌道によって投入できる人工衛星の重さが変わってくる。たとえばH－ⅡAロケット（202型＝標準型）の場合、静止トランスファー軌道（GTO）や極軌道には約4トン、高度300km程度の軌道には約10トンという打上げ能力となる。軽い野球のボールなら遠くまで投げられるのに、重いバスケットボールだと近くにしか届かないことに似ている。

人工衛星は軌道に応じた制限質量の範囲でつくらなければならないが、必要に応じて、ブースターを4本に増やしたH－ⅡAロケット（204型＝強化型）や、メインエンジンを2基に増やしたH－ⅡBロケットなどを選ぶことも可能だ。場合によっては、海外のロケットを使うこともある。

◉「きく8号」の軌道上展開時の様子◉

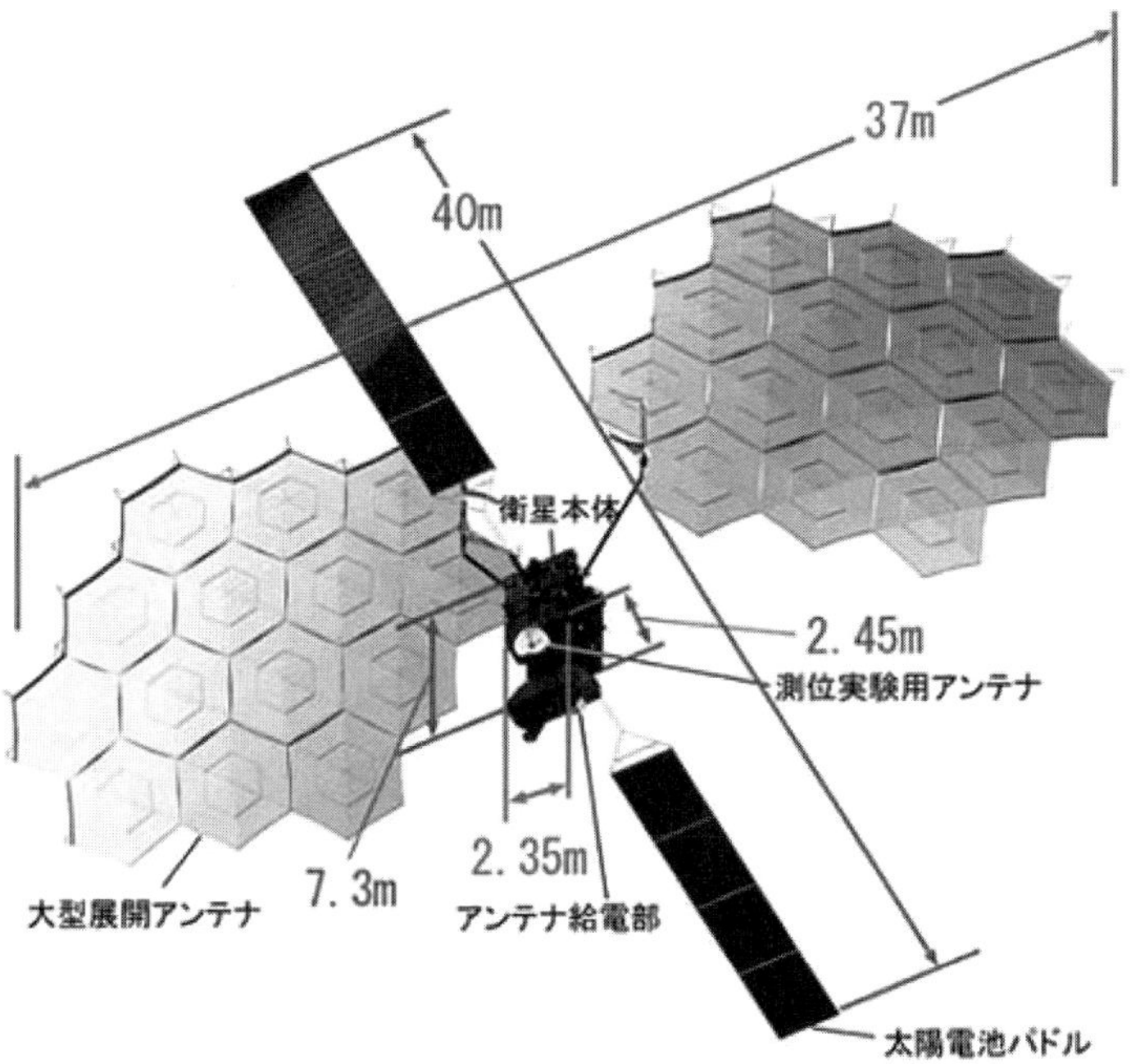

技術試験衛星「きく8号」のアンテナは、テニスコート2面ほどの大きさもある／©ＪＡＸＡ

大型アンテナの大きさはテニスコート2面分の広さ

軌道上での大きさには、自由度がある。打上げ時に、フェアリングの中に納まるものであれば、太陽電池パドルや通信用・観測用アンテナなどの大型構造物を、宇宙空間では展開できるので、ミッションに応じて大型にすることは可能だ。

Ｈ－ⅡＡロケットで打ち上げた人工衛星のなかで、最大のものは技術試験衛星「きく8号」である。打上げ時の質量は約５・８トン。通常は２本使用する固体ブースターを４本使って打ち上げられた。静止軌道上の初期質量は約２・８トン。約３トンが静止軌道に入れるための燃料だったというわけだ。

本体のサイズは約２・４ｍ×２・５ｍ×７・３ｍとそれほどでもな

い。だが、テニスコートほどの大型展開アンテナを2面もっており、軌道上では端から端までの長さが、40mという巨大なものだ。

陸域観測技術衛星「だいち」の大きさも最大級だ。「太陽同期軌道」と呼ばれる極軌道を周回する地球観測衛星で、高度は690㎞。重さは約4トンで、本体の大きさは約6・2m×3・5m×4mとマイクロバス並だ。これに幅約3・1m、長さ約22・2mの太陽電池パドルと、幅約3・1m、長さ約8・9mの電波センサー（PALSAR）が付いている。「だいち」は、この電波センサーのほか、3台のカメラからなる立体視カメラ（PRISM）と可視近赤外放射計（AVNIR－2）も搭載しているため、太陽電池パドルは片翼で非常に長くなっている。世界最大級の地球観測衛星だ。

M－Vで打ち上げる科学衛星は比較的コンパクトなサイズ

M－Vロケットで打ち上げた小惑星探査機「はやぶさ」の打上げ時の質量は約510kg。本体サイズは約1m×1・6m×2m、太陽電池パドルを広げたサイズは5・7mと、非常にコンパクトにできていた。

M－Vロケットで打ち上げた人工衛星のなかで最大のものは、X線天文衛星「すざく」だ。

その重さは約1700kgで、本体サイズは約6・5m×2m×1・9m（展開時）。この人工衛星は、内之浦宇宙空間観測所から最も効率的に打ち上げられる軌道傾斜角31度の楕円軌道（真東に打ち上げて地球の自転速度を最大限利用できる軌道）に投入されたため、M－Vロケットの打上げ能力を最大限に発揮することができたものだ。

探査機というと軽量なイメージがあるが、月探査衛星「かぐや」は大型の部類だ。

打上げ時の重さが約2・9トン。月周回軌道上で約2トン。H－ⅡAで打ち上げられている。

月を探査するため、15種類30台以上の観測機器が搭載されていた。観測センサーをすべて展開した状態の最大寸法は、30m以上になった。

軌道上で展開して大きくなった人工衛星といえば「イカロス」。打上げ時は、直径1・8m、高さ0・8mの円筒形。大きめのテーブルという感じだが、軌道上では、14m四方の大きさな帆。60坪ほどの広さである。面積拡大率はなんと77倍。

人工衛星の軌道上の大きさは、ミッションごとに、さまざまである。

COLUMN

地球から飛び立った人工衛星はどこまで行けるのか

▶▶ボイジャー1号は、太陽系から飛び出そうとしている

太陽系には、内側から水星、金星、地球、火星、木星、土星、天王星、海王星という8つの惑星があるが、そのすべてに探査機が訪れている。

天王星以遠の2惑星は周回軌道に入っての観測ではなく、付近を通過しながら観測するフライバイ観測ではあったが、天王星は1986年、海王星は1989年に米国の「ボイジャー2号」が最接近して画像を送ってきた。

2006年の定義変更により、惑星から矮惑星へと種類が変えられた冥王星には未だに探査機が到達していないが、2006年、米国が打ち上げた「ニュー・ホライズンズ」が2015年に到着して観測する予定だ。

現在、地球から最も遠くにいる探査機は、米国が1977年に打ち上げた「ボイジャー1号」である。その距離は太陽から178億km（2011年12月現在）。これは冥王星軌道の約3倍にもなる距離だが、現在、太陽系の外縁にいると見られており、まもなく、恒星間に広がる空間で、星間ガスが漂っている星間空間との境界面を突破するものと考えられている。太陽圏を脱出するのはもちろん人類初だ。

日本の探査機で最も遠くまで行ったのは、火星を目指した「のぞみ」だ。

▶▶人工衛星も探査機も、基本的な構造やメカニズムは同じ

地球を周回する人工衛星も、月や惑星を探査する人工衛星も、基本的な機能に違いがあるわけではない。しかし、探査機は軽い。たとえば「ボイジャー」は700kg程度である。探査機は、行き先やミッションに応じた設計が求められる。

たとえば、金星や水星といった太陽に近い惑星探査では、熱環境が厳しくなるぶん、その対策が必要となる。

火星や木星等、太陽から遠い場合は、太陽光も弱くなるので太陽電池以外のエネルギー源が必要になる。一般には、新たな対策をとると重くなるものだが、探査機は軽くしなければならない。遠くに行くための必須条件である。

ロケットが投入できる軌道は限られるので、目的地までの残りの行程は、探査機自身が軌道変更を行なわなければならない。そのための燃料を積むには、さらに軽量化する必要がある。

「はやぶさ」は、行くだけではなく、帰ってこなければならなかったので、搭載する燃料も、それだけ多くなった。

冗長系を外したり、長寿命なイオンエンジンを開発したり、スイングバイという燃料のいらない軌道変更技術を駆使したりして、「イトカワ」からのサンプルリターンを達成したのである。

なぜ、軽量化が人工衛星には求められるのか

軽量化は飛行機や新幹線車両などでもしばしば話題となるが、人工衛星では、究極の軽量化設計が行なわれている。人工衛星の場合、なぜ重いと困るのか、軽くするとどんなメリットがあるのか。そして、軽量化のために、どんな工夫がなされているのだろうか。

軽量化で人工衛星の寿命が延び、機能を増やすことも可能に

打上げ可能な人工衛星の最大質量は、ミッション要求はもちろんだが、ロケットの能力と投入される軌道にも依存する。

数トンなり数百kgなり、人工衛星の打上げ時の最大質量が決まっても、それが人工衛星そのものの重さとして使えるわけではない。目的地に向かうための燃料やミッション期間中の姿勢制御・軌道修正に使う燃料が必要になる。

つまり、人工衛星本体に使える質量は、打上げ時の質量から、燃料分を差し引いたものとなる。そこで軽量化が必要になってくる。

人工衛星の軽量化は、ただ打上げ時の総質量を軽くするためだけのものではない。決まった総質量の枠内で、より多くの機能を搭載したり、燃料を増やすことで、より長期間使えるようにすることが目的だ。

科学衛星や探査機の場合、軽量化すれば、搭載できる観測機器の数を増やせる。観測機器の数を増やすために、各機器には厳しい軽量化が求められる。

商用衛星でも、軽量化すれば、そのぶん、燃料を余計に積むことができ、より長く使うことが可能になる。どの人工衛星にとっても、軽量化はメリットがある。

「蜂の巣」をヒントに軽量化と丈夫さを実現

いくら軽いほうがいいからといって、強度を無視してまで軽くすることはできない。人工衛星を打ち上げるときには、激しい振動

◉人工衛星の軽量化にも強度要求にも応えるハニカムサンドイッチ構造◉

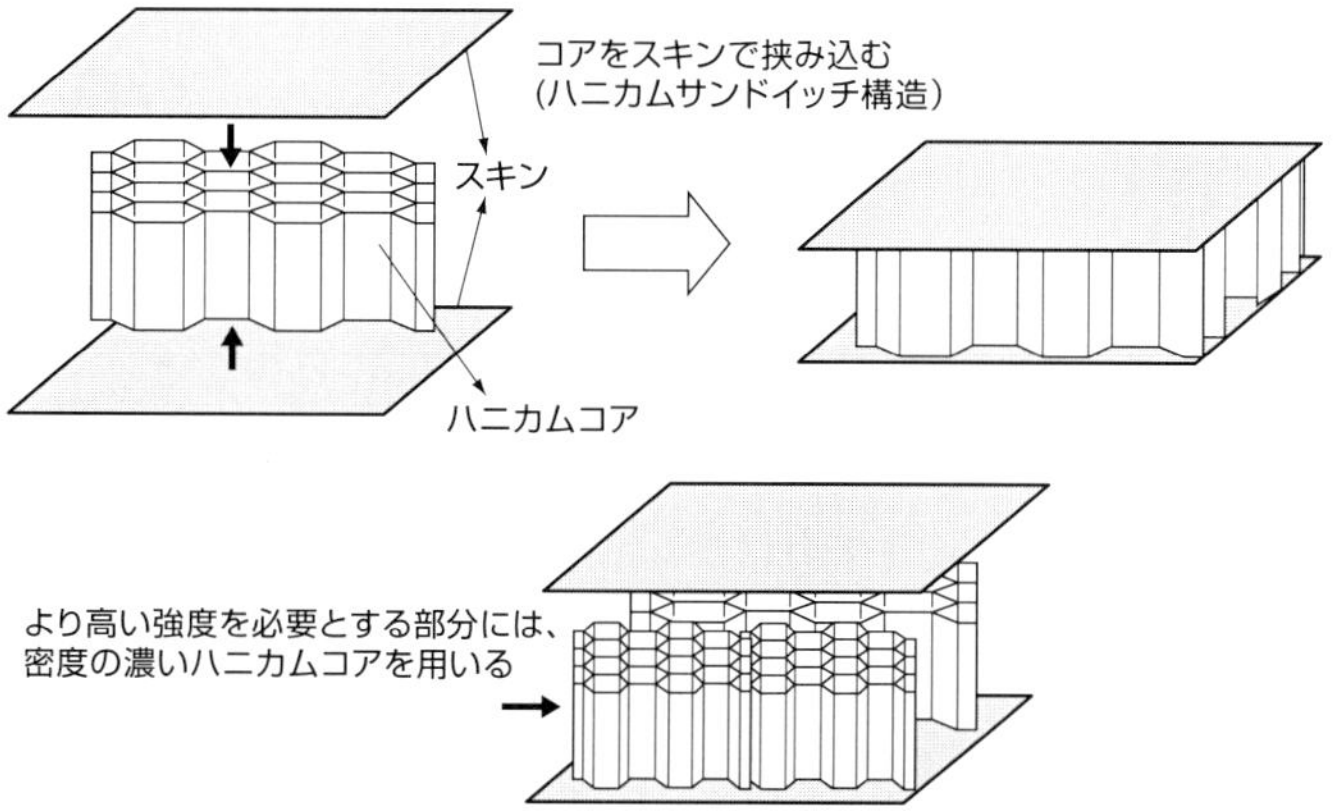
コアをスキンで挟み込む
(ハニカムサンドイッチ構造)
スキン
ハニカムコア
より高い強度を必要とする部分には、
密度の濃いハニカムコアを用いる

と、強い荷重が加わる。軽量化しても丈夫でないと、こういった負荷に耐えることができず、人工衛星は壊れてしまう。

そのため、人工衛星の側面パネルや太陽電池パネルには、軽くて丈夫な「ハニカムサンドイッチ」と呼ばれる構造が採用されている。

この構造は、ハニカム(Honeycomb)と呼ばれる「蜂の巣」状のコア材を両側から薄い板で挟み込んだもの。

中身はスカスカだが、サンドイッチ構造とすることで、パネル全体で大きな力を支えることが可能となっている。

人工衛星の場合、材料としては、コア材にも板材にも、アルミやCFRP（炭素繊維強化プラスチック）が用いられる。

強度要求、軽量化要求、熱伝導性等々、さまざまな要求と用途に合わせて使い分けている。

軽量化のため、素材を変えることもある。たとえば、ステンレス合金製のネジをチタン合金製にしてグラム単位で重量を削ることもある。

「人工衛星の消費電力を減らすこと」も軽量化対策のひとつだ。

なぜかといえば、重い太陽電池パドルやバッテリーを減らすことにつながるからだ。発熱量が下がれば放熱面も小さくなり、そのぶんも軽量化できる。

「コロンブスの卵」のような話だが、技術者の発想力の豊かさを言い得た実話である。

すべての人工衛星に「共通する装置」はあるの？

人工衛星には、さまざまな装置が搭載されているが、その機能からみると、「バス機器」と「ミッション機器」の2つに大別することができる。それぞれ、どのような機器のことをいうのか。

人工衛星を構成する「バス部」と「ミッション部」

通信機器や太陽電池、スラスタなど、ほとんどの人工衛星に共通して搭載され、人工衛星にとって基本的な機能を提供している部分が「バス部」である。

一方、地球観測衛星の光学センサーや通信衛星の中継器（トランスポンダ）のように、人工衛星のミッションに応じて搭載されている部分が「ミッション部」だ。

自動車でたとえるならば、タイヤやエンジンやハンドルなど、走るために必要な共通の部分がバス部で、消防車のポンプやホース、救急車の医療器具やベッドなど、それぞれの目的のために備わっている装置がミッション部である。

バス部が受け持つのは基本的だが重要な機能

バス部をさらにこまかく見ると、機能別に、構体系、熱制御系、電源系、通信系、データ処理系、姿勢軌道制御系、計装系、推進系などに分けることができる。

この分け方は人工衛星によって多少違う場合もある。

＊　＊　＊

構体系とは、人工衛星の構体（シャーシ）のこと。各装置を取り付けて固定するだけでなく、打上げ時の荷重に耐え、その過酷な振動から搭載機器を守る役目がある。もちろん軽量化も必要だ。軽くて頑丈であることが求められる。

熱制御系はMLIやヒーターなど、人工衛星内部の温度環境を維持するための仕組み。

● **主なバス機器とミッション機器**

バス機器	構造系	衛星構体（主構造、補強構造、パネル等々）
	熱制御系	ヒーター、ＭＬＩ（多層断熱材）、放熱シート等
	電源系	太陽電池、バッテリー、充電器、電力分配器等
	通信系	アンテナ、各種送受信機、変復調器等
	データ処理系	データレコーダ、データ処理計算機等
	姿勢軌道制御系	リアクションホイール、磁気トルカ、制御計算機、各種姿勢センサー（地球、太陽、恒星、ジャイロ）等
	推進系	イオンエンジン、スラスター（1液式、2液式）、タンク等
	計装系	電気ハーネス（電線類）、各種ブラケット類等
ミッション機器		光学センサー、マイクロ波センサー、合成開口レーダー（地球観測衛星）
		可視光・X線・赤外線などの各種観測装置（天文衛星）
		アンテナ、中継器（通信衛星）

電源系は太陽電池やバッテリー、電力分配器など、搭載機器に電力を供給する部分だ。

通信系は地上からのコマンド（指令）を受信したり、人工衛星内部の状態を示すテレメトリを地上へ送信したりする。

データ処理系は人工衛星の頭脳ともいえる計算機。観測センサーが撮影した画像データを保存したり、地上へ送るために圧縮したりもする。

姿勢軌道制御系は、さまざまな姿勢センサーとリアクションホイール、制御計算機等で構成され、人工衛星の姿勢や軌道を制御する。

計装系は、電気ハーネス類等、人工衛星全体をシステムとして組み上げるための機能。まさに人工衛星のライフライン。地味だが、すべての機器をひとつにつなぐ絆である。

推進系はイオンエンジンやスラス

タなど軌道制御に使う装置だ。静止衛星を静止軌道に入れるためのアポジエンジンも推進系の装置だ。

標準衛星バスの開発でミッションを迅速に立ち上げることが可能に

ほとんどの人工衛星に必要となるのなら、それを標準化しておけば、汎用的に使えるはずだ。そうなれば、新規に設計するのはミッション部だけで済み、人工衛星を早く・安くつくれることになる……。このように考えて生み出されたものが「標準衛星バス」と呼ばれるものだ。価格競争が激しい商用静止衛星では一般的に利用されている。

もちろん、バス部も、ミッション要求に応じて、人工衛星ごとに設計したほうが、機能・性能面での最適化はできる。だが、コスト面やスケジュール面で、競争力がなくなる。

だからといって、小さな荷物を大型トラックで運ぶようなことはできない。そこで人工衛星メーカーは、重量別に標準衛星バスを複数用意し、ミッション要求に応じて太陽電池パネルの数を変えるなど、カスタマイズ性ももたせている。

多彩なミッションに対応する標準小型バス「ＮＥＸＴＡＲ」

ＮＥＣでは現在、小型地球観測衛星「ＡＳＮＡＲＯ」向けに、標準衛星バス「ＮＥＸＴＡＲ（ＮＸ－３００Ｌ）」を開発中だ。

ＮＸ－３００Ｌは５００kg級の小型衛星をターゲットとしたもので、バス構体のサイズはほぼ１ｍ角。この標準バスに光学センサー、電波センサーなど、目的に応じたミッション機器を搭載する。

「だいち」のような地球観測衛星は、軌道上で運用される機数が多いほど、観測頻度が高くなり、ユーザーの利便性も向上する。小型標準バスは、そうした環境の実現も目指して開発されている。多くの国が、小型の観測衛星を保有し、それらを相互に共有する仕組みをつくれば、１機分の負担で、複数機の観測データを利用できる。

このＮＸ－３００Ｌは、ＪＡＸＡの小型科学衛星「ＳＰＲＩＮＴ」シリーズでも採用が決まっている。科学衛星は全体を最適化するため、これまではバス部も毎回新規設計されていたが、標準衛星バスの採用によって、より迅速にミッションを立ち上げることが可能になる。

ＮＸ－３００Ｌは小型衛星向け標準衛星バスだが、今後、より大きな人工衛星向けの標準衛星バスを提供することも計画されている。

COLUMN

人工衛星で使われる箱型の「容器」は「組み立てられたもの」ではない?

▶▶切ったり、折ったり、溶接したりされず、インゴッドから削り出される——

人工衛星に搭載される機器も、一般の電化製品等と同じように容器に収容されている。外観は凸凹した四角い形。色は金属の地肌の銀色か熱対策で黒色に塗られている。

この容器を「筐体《きょうたい》」と呼ぶ。材料はアルミ。軽量で強い。

普通に考えると、アルミの板材を使って、切ったり、曲げたり、溶接したりして整形し、箱型にするというイメージではないだろうか。

しかし、宇宙用機器の筐体は、「削り出し」で作り上げられる。

板材を曲げたりすると、その曲げ部に小さな割れ目ができて、過酷な振動環境下で、その微小な割れ目から破壊が始まり、中の基盤や電子部品が破損してしまう。そうしたリスク要因を排除するため、ほとんどの筐体が削り出しでつくられるのだ。

しっかり品質管理された工程でつくられたアルミの塊（「インゴット」という）から、必要な寸法の塊を切り出して、それを丁寧に削っていく。こうして、軽量で強い筐体を作り上げていくのだ。

ここで重要になるのが、インゴットの品質である。中に鬆《す》(細かい穴、気泡)が残っていたり、不均質のものだと設計どおりの強度をもつ筐体をつくることができないので新しいインゴットから削り出しをやり直すことになる。材料の品質管理が問われるところである。

温度差の激しい宇宙でどうやって身を守るのか

真空の宇宙空間は、数千℃の太陽とマイナス270℃の暗黒空間を直視するので、地球周辺でも日向側は100℃以上、日陰側はマイナス100℃以下にもなるという特殊な環境だ。この激しい温度変化から、さまざまな電子機器やバッテリーなどの搭載機器を守るためには何が必要になるのか。

人工衛星の内部の温度は0～40℃にコントロールされている

宇宙用の電気・電子部品には、地上のものよりも広い温度範囲での動作が求められている。

だが、極端な高温・低温下での動作は部品の寿命に悪影響を与えることから、人工衛星内部の温度は0～40℃程度に抑えるのが目標となっている。

では、灼熱と極寒が同居する極端な宇宙環境で人工衛星の内部の温度変化をどうやって小さく抑えるか。それを考えるのが人工衛星の「熱設計」だ。

たとえば、太陽光の当たり方や、すべての搭載機器が発生する熱を分析し、人工衛星の外形や表面材料・機器の配置を工夫することで、太陽から入ってくる熱や搭載機器自体が発する熱の総量と、宇宙空間へ放出される熱量の収支を調節して、人工衛星内部の温度が0～40℃になるように設計している。

地上の家を例にすれば、伝統的な日本家屋のように、日当たりや気象の季節変化を分析し、屋根・壁構造や間取りの工夫で、冷・暖房なしでも夏は涼しく、冬は暖かい家に設計することに相当するだろう。

それでも無理な部分や、要求温度範囲がもっと狭い部分は、例外的・局所的に「冷・暖房」を使う。先の日本家屋の例でいえば、局所的にコタツや窓の簾・打ち水で補助するようなものだ。

バッテリー（通常5～30℃）、燃料タンク（5℃以上）や、各種カメラやセンサー（例：23±3℃）のように、より狭い範囲で維持しなけれ

◉人工衛星の熱設計◉

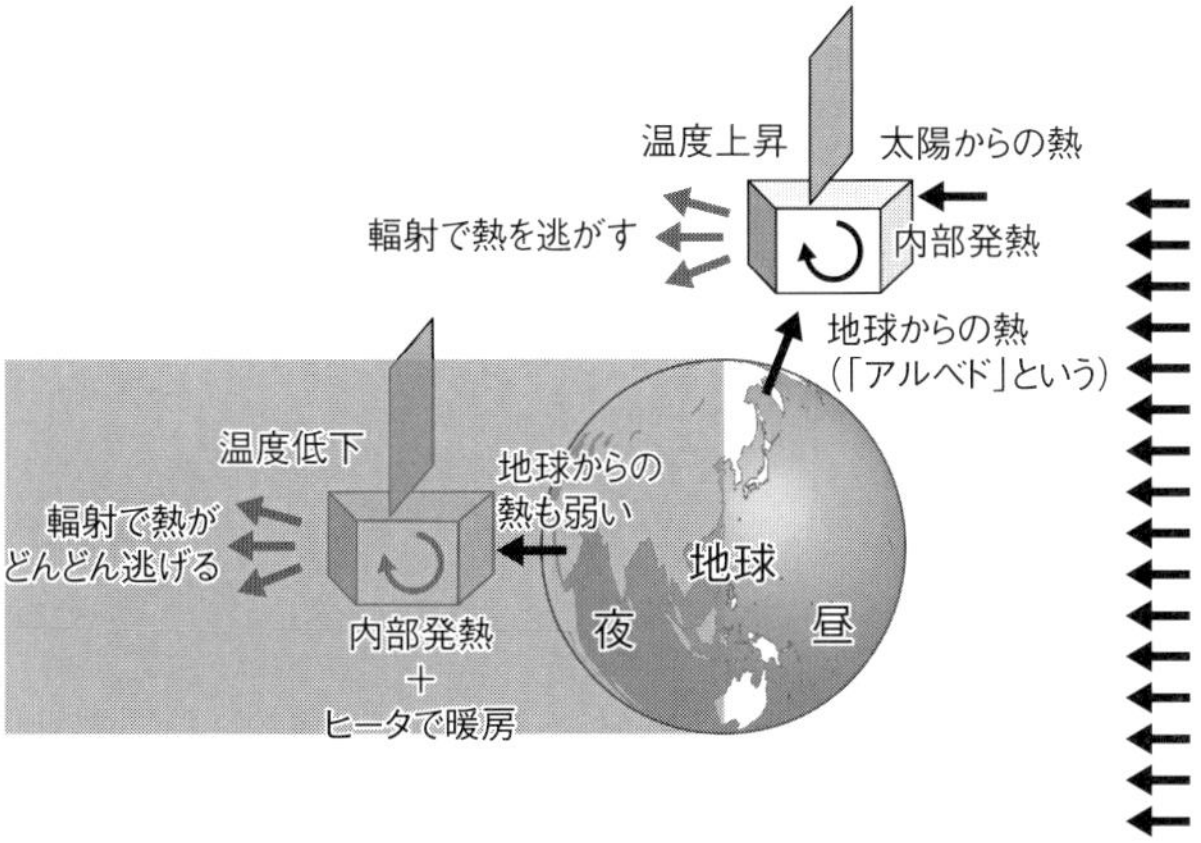

太陽や地球からの熱入力、内部発熱、日照と日陰の温度差などを考慮し、ヒーターの数、放熱面の面積などを決める

ばならない機器には局所的に冷・暖房をつける。

大型衛星では、ヒーターの数が数百個になることもある。

熱設計が比較的簡単なのは、姿勢を安定させるために人工衛星自体が回転しているスピン衛星である。

人工衛星本体が常に回転しているため、太陽光が周囲にまんべんなく当たり、バーベキューのように全体が均一に温められるからだ。

三軸制御方式の人工衛星は熱設計に、より一層の配慮が必要

しかし、リアクションホイール等によって姿勢を安定させている三軸制御方式の人工衛星では、長時間、同じ方向から太陽光が当たることになるため、熱に弱い機器を日陰側に配置するなど、さまざまな配慮が必要になる。

さらに惑星探査機になると、太陽からの距離が変わるため、受ける熱量そのものが大きく変動する。太陽に近い金星や水星あたりは熱く、太陽から遠い火星、木星は寒い。つまり、地球周囲の熱環境と、目的地周囲の熱環境の両方に対応するため、熱設計は、より難しくなる。

人工衛星では断熱用にMLI（多層断熱材）が使われている。「保温毛布」といったところだ。このML

ーは太陽からの熱の流入を防ぐと同時に、人工衛星内部からの放熱を遮断して冷えすぎないようにする役割も果たしている。

熱を逃がすためにとられるさまざまな対策と装置

熱の伝わり方には、対流、輻射、伝導の3種類がある。

このなかで最も大きな効果をあげるのは対流だ。だが、対流は空気や水があって、はじめて作用するもので、空気がまったくない宇宙空間では作用しない。

人工衛星の熱を逃がすためには、残る輻射（赤外線の放射で空間中を熱が伝わる作用）と伝導（金属などの物質を介して熱が伝わる作用）をうまく利用するしかない。

伝導では人工衛星内を熱が移動するだけだから、外部に放熱するためには輻射を活用する必要がある。そのために、人工衛星には放熱面が設けられている。

そこではMLIの代わりに、熱制御ミラー（OSR）と呼ばれる放熱材が使われる。

OSRは、内側が銀、外側が透明なガラスや樹脂フィルムでできている。人工衛星内部からの熱はガラス・樹脂フィルムからの赤外線として宇宙空間に放出される一方、太陽光はガラスやフィルムは透過し、裏のミラーで反射されて熱が入り込まない仕組みになっている。

樹脂フィルムのものはフレキシブルで扱いやすい（ハサミで切って貼れる）反面、放射線には弱く、ガラスにくらべると寿命は短くなるが、観測期間が2年弱と短かかった月周回衛星「かぐや」ではこちらが採用された。

このほかに、〝サーマルルーバー〟や〝ヒートパイプ〟と呼ばれる装置もある。

サーマルルーバーは熱制御の難しい三軸制御衛星で、黎明期より使用されていた熱制御装置で、バイメタルの渦巻きバネと板で構成され、人工衛星内部の温度が高くなり、人工衛星構体の温度が上がると、バイメタルの渦巻きバネが開いて板（窓）が開く仕組みになっている。

この装置は、仕組みは簡単だが、重いという欠点がある。そのため質量制限の厳しい人工衛星にはあまり向かない。

「はやぶさ」では、軽量化要求に対応するため、代わるものとして放射率可変素子（SRD）という新デバイスを採用し、搭載・実証した。

これは、高温時には熱を放射しやすく、低温時には熱を放射しにくく

◉人工衛星内部の熱の逃がし方◉

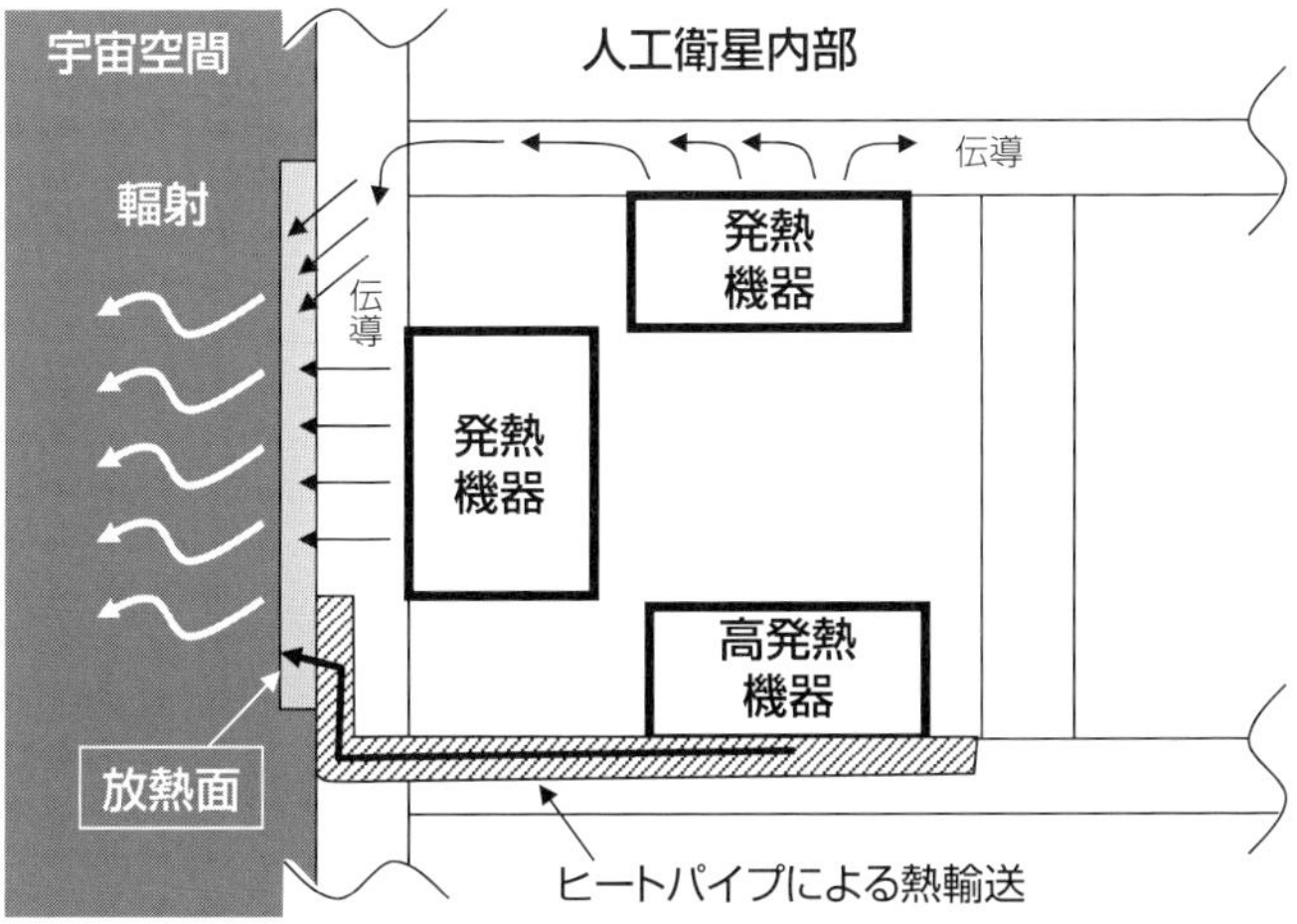

する特殊なセラミックス材料を使った素子である。

ヒートパイプは、パイプの中に流体を封じたもので、パネルに這わせて設置し、機器の熱を流体が吸収・気化して輸送。低温部で放熱し、流体に戻る（凝縮）というサイクルを利用した熱輸送装置である。

オン・オフで発熱量が大きく変わる装置の場合、最大の発熱量に合わせて熱設計をしておき、オフ時（熱を出さないとき）はヒーターで温めるようにしているが、SRDを使えばヒーターの数を少なくできる。

宇宙では、いまのところ試験レベルに留まっている。だが、ビルの省エネ化など、地上への応用も期待されている。

誰にも見られることがないのに内部が塗装されているワケ

人工衛星は内部も黒く塗装されている。

黒い塗料は赤外線をよく出すと同時によく吸収する。

真空では対流の効果はないが、黒くすることで輻射による熱交換を活発にして、少しでも人工衛星内の温度が均一になるように図っているのである。

人工衛星では見えない部分の色ひとつとっても、それなりの理由があるというわけだ。

なぜ人工衛星は金色や黒なのか。宇宙ステーションはなぜ白い?

人工衛星が金色だったり黒だったりするのは、内部温度を維持するために重要なMLI（多層断熱材）と呼ばれるものを身にまとっているためだ。このMLIには、金色や黒などの種類がある。色が違うと、いったい何が、どう違うのか。

数百分の1㎜の薄いフィルムが何層も重なって熱を遮断する

人工衛星の色というと「金色」のイメージがある。これは、人工衛星本体に貼られているMLIの色だ。だが金色以外に黒いMLIも使われている。金色と黒とでは、何が、どう違うのか。その前に、まずはMLIの仕組みを見てみたい。

MLIは、厚さがマイクロメートル単位（1マイクロメートルは1000分の1㎜）の薄いフィルム状の両面アルミ蒸着マイラ（ポリエステル）とポリエステルネットとを組み合わせ、重ね合わせたものだ（次ページ図参照）。

宇宙空間で熱を伝えるのは輻射と伝導だが、MLIの各層は、すべてアルミ蒸着されており、外部からの輻射熱を反射する。太陽からの熱が最初の1枚を通過しても次の1枚が反射するので、熱がどんどん弱まる。また、伝導を抑えるために各層の間には断熱材のネットが挟まれている。表面が100℃であっても反対側は人が手で触れることができるほどの断熱効果がある。

MLIの最外層だけはポリイミド（厚さ25マイクロメートル）が使われている。宇宙でよく利用される高

◉アルミ蒸着とは？◉

真空中でアルミニウムを蒸発させて、処理対象の素材（フィルムなど）の表面にアルミニウムの薄膜を形成させる処理のこと。スナック菓子類の袋などで食品の変質を抑えるために、よく利用されている。

分子材料で、熱にも放射線にも強いのが特徴。宇宙以外にも、電子機器など幅広く利用されている。

◉MLI（多層断熱材）の構成◉

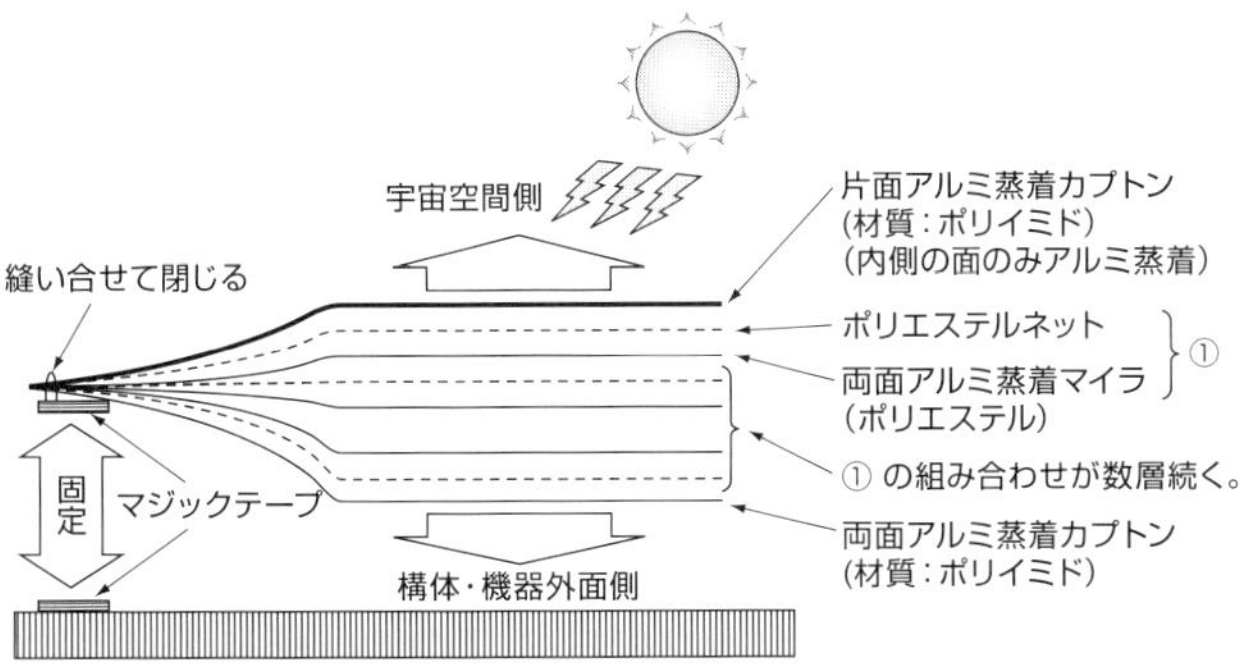

国際宇宙ステーションの外側はガラス繊維で保護されている

MLIの金色は、黄色い半透明のポリイミドフィルムの裏側のアルミ蒸着が透けて光るからだ。

月周回衛星「かぐや」や超高速インターネット衛星「きずな」では黒いMLIが使われている。

これは、ポリイミドに導電性をよくするためカーボンが混ぜられているからだ。導電性が悪いと、太陽風による帯電で放電が起きることがある。

これを防止するため、黒いMLIが使われている。

白いMLIが使われている場合もある。「きぼう」の船外実験プラットフォームやロボットアームなどだ。国際宇宙ステーションは高度350～400㎞と低い位置を飛んでいるため、原子状酸素の濃度が高く、最外層がポリイミドだと溶けて徐々に蒸発してしまうので、ベータクロスと呼ばれるガラス繊維素材を使って保護している。これが白く見える。これは、デブリ対策にもなっている。

◉原子状酸素とは？◉

地球大気の中では、酸素は、ほとんどが分子の状態で存在する。ところが高度数100㎞のところでは、強い紫外線によって分子が分解され、単独の酸素原子になる。これが原子状酸素だ。原子状酸素は高い反応性をもっており、これがぶつかるとMLIを浸食して、進行すると穴が開いてしまうこともある。

人工衛星の太陽電池パネルは一般住宅用と同じもの？

人工衛星の象徴のようにみえるのが、大きく広げた太陽電池のパネル。太陽光を電気エネルギーに変えるものだ。あのパネルは一般住宅用と同じものなのか？　宇宙空間の太陽光発電のエネルギー効率は地上よりも高いのだろうか？

人工衛星にとって太陽光発電は存続に関わる最重要事項

宇宙空間を飛ぶ人工衛星は、途中でどこかに立ち寄って電気や燃料を補充することはできない。

そのため、ほとんどの人工衛星は太陽電池パネルで発電し、それをバッテリーに蓄えることでミッションに必要な電力を賄っている。

人工衛星は、ロケットから切り離されると、まず、太陽を探し、太陽をみつけて太陽電池パドルを開き、エネルギーの確保を行なう。存続に関わる重要な作業だ。

それまでは、バッテリーを使うが、長持ちはしない。一刻も早く太陽エネルギーを確保し、バッテリーにも充電を開始して、ほっと一安心となる。

太陽電池パネルは、小さな「セル」が1000枚以上集まってできている

太陽電池を構成する最小単位は「セル」と呼ばれる名刺サイズの薄い半導体デバイス。

太陽電池セルが1000〜2000枚程度集まって1枚の太陽電池パネルになり、それが人工衛星には数枚〜十数枚ほど搭載される。これを太陽電池パドルと呼ぶ（本体側面に貼り付ける場合もある）。

大型の静止衛星には、20kW（キロワット）級の発電能力をもつものもある。1時間の発電量で一般的な家庭（四人家族）の1日分の消費電力を充分に賄うことができる。

太陽電池セルは放射線を浴び続けると劣化して出力が低下するので、放射線ブロック用のカバーガラスを表面に貼った状態で炭素繊維の薄板

でアルミハニカムをサンドイッチした軽量パネルに接着する。炭素繊維は、黒色で放射率も高いので、太陽電池の温度を下げ、発電量を増やす効果もある。

低軌道の人工衛星では、地球からの照返しを反射するために、銀色の場合もある。

太陽電池は温度が低いほうが発電効率は高いために、なるべく温度を低くしたほうがいいのだ。

太陽光を遮る雲がない宇宙空間。それだけ発電効率は高くなる

当たった太陽光の何%を太陽電池が電力に変換できたかを表わす数字が変換効率だ。

一般住宅用の太陽電池パネルで使用されるシリコン系セルの変換効率は高くても20%程度。人工衛星用は、インジウム・ガリウム・リン(InGaP)やガリウム・ヒ素(GaAs)などを多層構造にして、太陽光を効率よく電力に変えるマルチジャンクションセルが使われていて、変換効率は30%程度と高い。

ちなみに、単位面積(1㎡)当たりの太陽光のエネルギーは、宇宙空間では、約1・37kWであるが、地上では、約1・0kW。30%程度のエネルギーが、大気の影響(反射・散乱・吸収)で減衰している。

宇宙では、放射線が強いというデメリットはあるが、雲や雨で太陽が遮られることはない。静止軌道なら、春分・秋分の時期を除き、地球の陰に入ることもなく、24時間発電が可能だ。

◉1㎡あたりの太陽光エネルギー◉

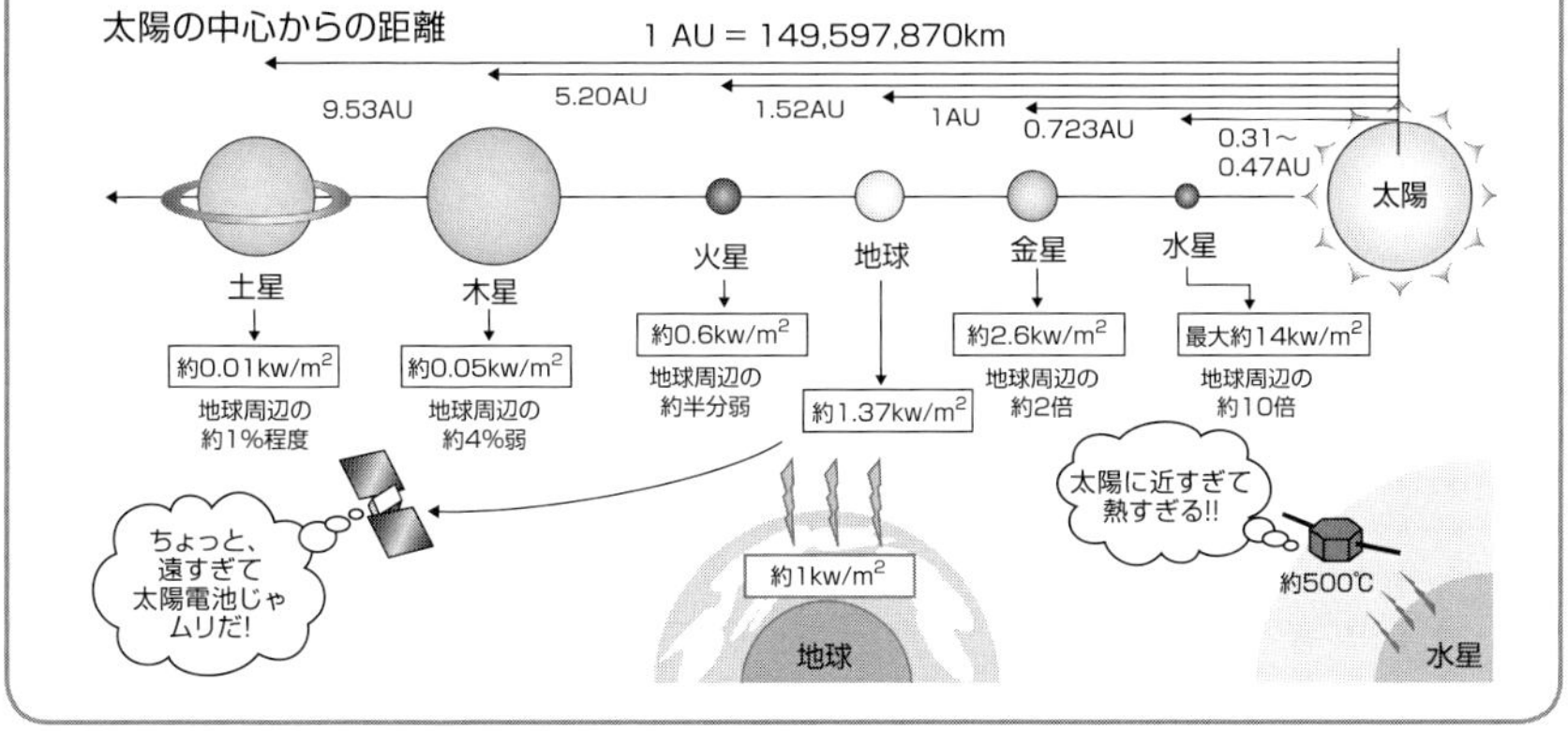

「高い信頼性と品質」はどうやって確保するのか

人工衛星は、一旦、打ち上げてしまうと、たとえどんなに小さな故障といえども、現場に飛んで行って修理するというわけにはいかない。人工衛星の信頼性と品質には何が求められ、それに対して、どう応えているのだろうか。

人工衛星の信頼性と品質を支える2つのアプローチ

乗っている自動車が故障しても、ディーラーに行けば修理してもらえる。

また、電気製品が壊れたら販売店やメーカーに依頼すれば直すことが可能だ。

なかには、修理せずに新しい製品を買う人もいるかもしれない。

だが、人工衛星の場合は、そうはいかない。

宇宙飛行士が滞在していて、修理が可能な国際宇宙ステーションや、スペースシャトルが交換用パーツを運んで直したハッブル宇宙望遠鏡などの例外はあるものの、「例外中の例外」である。

基本的には、故障しても、誰も直しに行くことはできない。

では、どうするか。

基本的には、次の2つのアプローチで対応している。

①寿命まで、可能な限り故障しないようにすること

②万が一、どこかに故障が発生しても、ミッションを継続できるようにすること

以上の2つのアプローチが、人工衛星の信頼性・品質を支えている。

②については166ページで説明する。

①は、使用する部品・材料や、それを使って機器やシステムを設計製作検査する人の技量、つまり、製品の品質を決定づける基本要素の品質を徹底的に高くすることだ。

本項では、これらについて、少し詳しく説明しよう。

「宇宙用部品」を使うことで故障のリスクを低くする

軌道上で簡単に修理できない人工衛星にとって、たとえ小さな部品1つであっても、故障は命取りである。そのために使われるのが、「宇宙用」の部品だ。

宇宙での環境はとても厳しい。日向側と日陰側で数百度にもなる激しい温度差、宇宙から降り注ぐ強い放射線（宇宙線）、打上げ時にかかる大きな荷重と振動など。

このうち温度に関しては、熱設計により人工衛星内部はある程度の範囲に抑えられるが、放射線は透過力が強く、内部にある電子部品を直撃する。半導体回路にあたるとビットが反転したり、壊れたりする場合もある。

宇宙用の部品は、こうした宇宙環境でも正常に動作することが保証された部品である。

宇宙専用に開発された部品もあるが、一般にパソコンやデジカメ等で使われている部品を転用したものもある。ただし、放射線試験などを実施して、充分な耐性のあるロットを選別（スクリーニング）している。

人工衛星では、宇宙用部品の使用を基本とするが、部品の種類によっては、一般用しかない場合もある。そのときは人工衛星メーカーが独自にスクリーニングや加速試験（実際よりも過酷な条件をかけて、あえて劣化を早める試験方法）などを実施して、品質を確かめる。

コストはかかってしまうが、信頼性のためには必要なことで、民生用部品を何もせずそのまま使うことはない。わずか1㎜の部品で、故障すれば数十億円が消えてしまうのだ。

「全数検査」と「抜取検査」。すべての部品は必ず検査される

1機の人工衛星に使用される部品は数十万個にもなる。人工衛星の品質は、部品ひとつひとつの品質のうえに成り立っているというわけだ。

部品メーカー側では、宇宙用部品のための専用ラインを設け、材料の選定、製造試験装置や工場の管理、手順・記録類の管理、技術者のスキル管理を行なっている。

ほとんどの宇宙用部品は、生まれてからの履歴が記録として残されており、世界のどこかで、何かの部品に、設計製造に起因するとみられる不具合が見つかると、その部品と同じ時期に同じ工場でつくられた部品（「同一ロット」という）を購入したユーザーに連絡が届き、同様の不具

合が発生しないよう、予防措置がとられるようになっている。

また、製造から出荷・受入れまで徹底した検査が行なわれる。検査方法は、全数検査と抜取検査。

電気性能、目視検査、X線検査など、いわゆる非破壊検査に相当する検査は、原則としては、すべての部品に対して実施する（全数検査）。

部品の内部構造の評価やリード線などの溶接部分の引っ張り試験など、部品を分解したり、ストレスを与えて行なう試験、いわゆる破壊検査に相当する検査は、抜取検査を行なう。

検査した部品が1個でも不合格だったら、そのロットは廃棄し、新たなロットをつくる。つまり「ふりだし」に戻ることになる。

不良が工程の最後のほうで見つかると、部品メーカー側にもユーザー側にも多大な被害を及ぼすので、工程ごとに厳しい検査をして慎重につくりこんでいく。

ユーザー側も、受け取る前に部品メーカーまで行って、管理状況や部品自体の履歴データの確認を行なう。これを「源泉検査（ソース・インスペクション）」と呼んでいる。

つまり、購入する部品の氏素性を確認し、「故障の種」を徹底的に排除しているわけだ。

ネジひとつにいたるまで材料は徹底的に管理されている

材料についても同様である。その氏素性は徹底して管理されている。

たとえば、さまざまな箇所に使われているアルミ材ひとつをとっても、いつ、どこで製造されたものかがわかるようになっている。ネジひとつとっても、その品質は徹底的に管理される。

人工衛星用の材料の品質管理で特有なのは、アウトガスの管理。

アウトガスとは、プラスチックなど、有機系の材料から出てくる揮発性のガス成分だ。

人工衛星は、打ち上げられると、過酷な温度と真空という環境にさらされる。

接着剤などの有機系の材料は、真空高温下において、大量のアウトガスを発生する。このアウトガスは冷たいところに付着すると再び固化する性質をもっている。

アウトガスを大量に発生する材料は宇宙用には適さない。

そこで、その材料が宇宙用に適するかどうかを判断する指標が決められている。それが、TML（質量損失比）、CVCM（再凝縮物質量比）

である。

ＴＭＬとは、材料が所定の環境にさらされたときに出すガスの総量。

人工衛星に使用する場合は、これが1％以下でなければならない。

アウトガスは、冷たいものに触れると再び凝縮する（固まる）。これが悪さをする。

センサー等のレンズ表面に付着すると精度よく観測できなくなる。放熱面に固着すると放熱特性が劣化する。太陽電池面に固着したら発生電力が低下する。

こうした影響を最小化するため、再凝縮量についても規制がある。これがＣＶＣＭで、総量の０・０１％以下でなければならない。

人工衛星で使用するすべての有機系材料は決められた手順に従ってアウトガスの測定を行ない、基準を満たしたものが採用されている。

「現代の名工」たちがつくりあげるいわば〝芸術作品〟が人工衛星

最後の要素は「人」である。たとえ、どんなに良い部品材料を使っても、設計・製造・検査がいいかげんだと、良い製品は生まれない。

世界でたったひとつのものを手作りする人工衛星の場合、「人」への依存度はとくに高い。

そのため、設計段階では、徹底した設計審査を行ない、製造段階では徹底した検査を行なう。

品質を確保するため、さまざまなルールが決められ、設計・製造・検査の各プロセスは、その規定に従って進められ、審査・検査を受ける。

たとえば、部品の使用方法についても「ディレーティング」と呼ばれる人工衛星固有の規定がある。

電子部品の仕様には、電圧・電流・容量などを定めた「定格値」がある。一般には定格１００％まで使うことが多い。

しかし、人工衛星では、たとえば定格の50％で使うなど、マージンを大きくとる規定になっている。部品への負荷が下がるので、故障が少なくなることが期待できる。このような規定がすべての部品に対して準備されている。

製造に関しても厳しいルールがある。ハンダ付け作業など、個々の作業単位で技量の認定制度があり、認定された人でなければ、製品づくりに携わることはできない。

ＮＥＣの製造現場には「現代の名工」がたくさんいる。その後輩たちも将来の「名工」の卵だ。

品質の最後の砦は、こうした高い技量をもった匠たちの高いモチベーションと責任感である。

地上でどんな試験を受けて宇宙へと旅立つのか

ほかの工業製品と同じように、人工衛星も出荷前に〝品質試験〟が行なわれる。ただし、その内容はかなり過酷で、試験期間も長期に及ぶ。具体的に、どんな試験が行なわれているのだろうか。

試験用のモデルもつくられるが実機の試験は欠かせない

人工衛星は打上げから宇宙空間においてまで、日常では考えられない過酷な環境にさらされる。ロケットで打ち上げられるときには激しい振動が加わるし、宇宙に行ってからも過酷な温度変化や真空という特殊な環境が待っている。

こうした環境に耐えられることを検証するのが試験だ。

事前に、MTM（機械（構造）試験モデル）やTTM（熱試験モデル）をつくり、それらを使ったテストを実施して、設計の妥当性は各段階で評価するものの、最終的には実機（フライトモデル・FM）による試験が欠かせない。

ただし実機に負担をかけすぎて、試験中に壊れてしまったり、宇宙に行ってから壊れてしまったりするようでは本末転倒。

人工衛星に問題がないかを確認しつつ、限界を超えて壊れることがないように、すべての試験を行なった後でも、累積疲労損傷率と呼ばれる疲労の蓄積量を表わす指標が25％を越えないように設計している。

電気性能試験、振動試験のほか音響試験まで行なわれる

何度も実施することになるのが、「電気性能試験」。人工衛星の健全性の確認である。これを、後述する振動試験や熱真空試験の前後、あるいは試験中に実施して、テストで異常がなかったかどうかを確認している。

打上げ時の振動に耐えられることを確認するのが「振動試験」だ。

水平・垂直方向に自由に振動を与えられる装置を使用する。人工衛星をこの装置の上に載せて、打上げ環境を模擬した振動を数分間加え、振動の詳細なデータを取得する。計測のため、人工衛星の各部（数百か所）に加速度センサーを追加し、想定を超える振動が発生している場所がないかを詳しく調べるのだ。

また、打上げ時のフェアリング内の音響環境を模擬した「音響試験」も実施される。

「音で壊れるの？」と思うかもしれないが、音は振動現象。大きな音で機体も大きく振動する。

宇宙に着いてからの環境を模擬するのが「熱真空試験」。

真空の宇宙空間では、日の当たる側は100℃以上、日陰の側はマイナス100℃以下になったりする。こうした極端な温度環境に置かれても人工衛星が設計どおり、正常に機能することを確認するのが目的だ。

宇宙の熱と真空を再現する装置が「熱真空槽（通称「スペースチャンバー」）である。筑波宇宙センターの大型スペースチャンバーは、人工衛星をまるごと入れられるほど大きい。キセノンランプで太陽の光も模擬できる。

熱真空試験では、軌道上の熱環境を忠実に模擬し、さまざまなパターンの試験を1か月以上かけて行なう。ここでも、数百個の温度センサーを追加して詳しいデータを得る。また、この間、すべての機器は軌道上と同様に動作させ、問題のないことを検証する。この試験で得られた温度や機器の性能データは、人工衛星の運用管制をサポートする情報としても活用される。

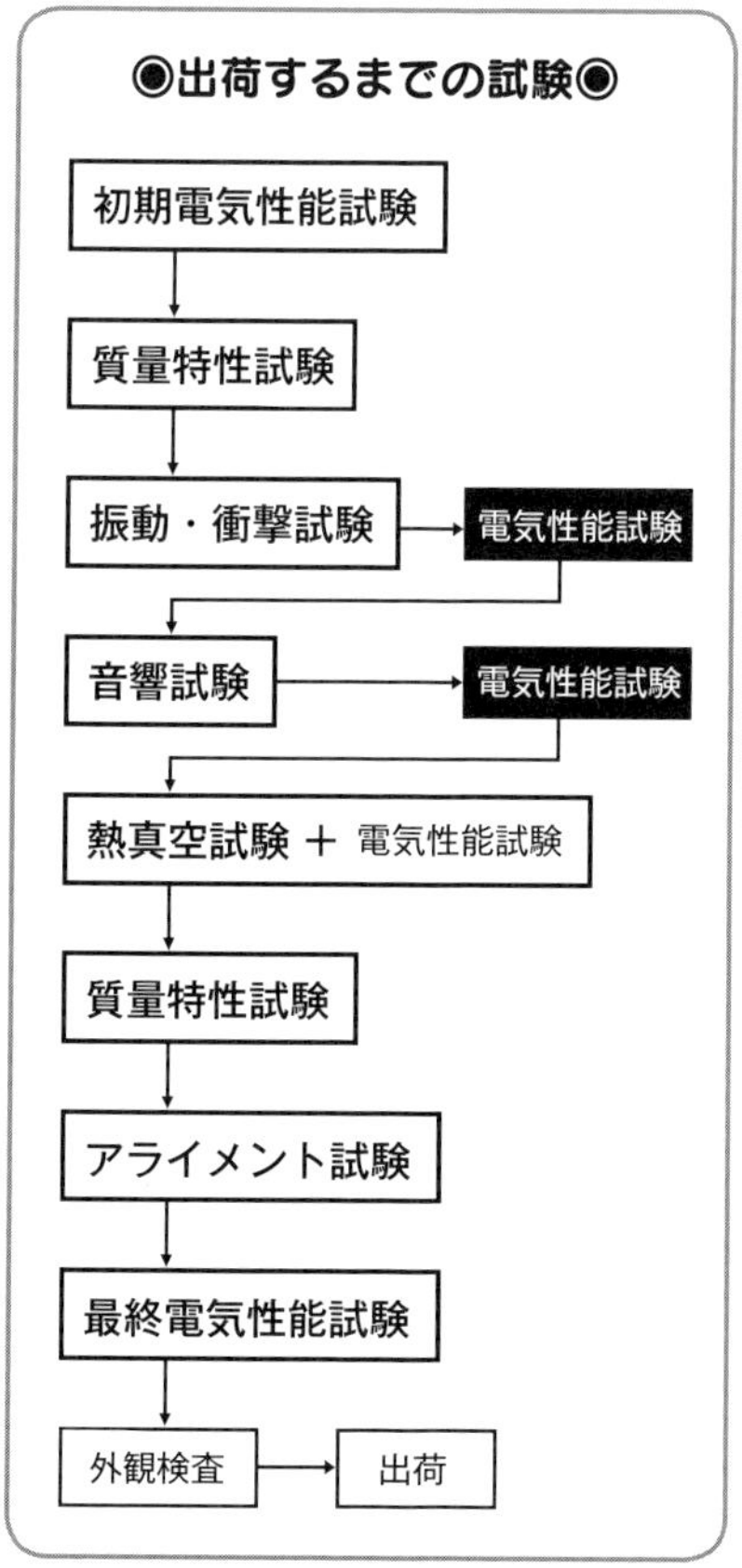

人工衛星にも「寿命」がある？何によって決まるのか

トラブルやアクシデントがなかったとしても、自動車や電気製品と同じように、人工衛星にも寿命がある。なかには、オーロラ観測衛星「あけぼの」のように、打上げから22年を経たいまも、現役として観測運用を継続している人工衛星もある。人工衛星の寿命とは何か？

燃料切れとバッテリーの劣化が人工衛星の寿命に大きく影響する

人工衛星が「寿命」を迎える原因として、もっとも多いのは、燃料切れや太陽電池セル、バッテリー等の劣化だろう。

人工衛星の高度や静止衛星の位置などを維持するために「燃料」は必要だ。どんなに節約しても、いつかは枯渇する。燃料切れになると人工衛星はもうお手上げだ。

バッテリーは充放電を繰り返すと劣化が進み、充電容量が減少する。

充分に充電ができなくなると、地球の陰に入ったときに必要な電力を得ることができない。もし太陽電池が生きていれば、日陰から出て再起動するかもしれないが、まともな運用は難しくなる。

アンテナ駆動装置や、太陽電池パドル回転機構、リアクションホイール（RW）等、回転軸受けをもつ装置には磨耗による寿命がある。磨耗が進み、摩擦が大きくなると機能停止してしまい、人工衛星の運用に多大な影響を及ぼす。

1989年から働き続ける長寿の人工衛星「あけぼの」

磁気圏観測衛星「あけぼの」（1989年打上げ）は、別名を「オーロラ観測衛星」という。

地球周辺には地球の磁場に引き寄せられて大量の荷電粒子が溜まった磁気圏と呼ばれるエリアがある。

「磁気嵐」という言葉を聞いたことがある人もいるだろう。太陽活動が活発になると発生するもので、地上の通信に影響したり、電子機器の誤動作を誘発したりする。人工衛星の電子機器にも影響する可能性がある。こうした現象を観測するのが「あけぼの」のミッションだ。

「あけぼの」は、わずか300kg弱という小さなボディに9台の観測機器を載せている。軌道高度は、近地点300km、遠地点1万kmという長楕円である。

観測のために放射線帯を通過させる必要があるので、この長楕円軌道を使っている。極めて過酷な環境を通過しているが、いまでも7台の機器が観測を続けている。

太陽の磁場反転周期が22年なので、「あけぼの」は、その1周期間の太陽活動を「1人」で観測したことになる。驚異的な寿命である。

もう1つ長寿命の人工衛星がある。測地衛星「あじさい」だ。1986年に打ち上げられた。

直径約2mの球形で、周囲に太陽光反射鏡およびレーザー反射体を装着している。太陽電池セル、バッテリー、燃料といった寿命になる要素どころか電子機器はもっていない。

約1500kmの円軌道を、ひたすら回り続けることで、測位実験や地球の重力場の変動観測等に利用されている。

寿命要素もなく、軌道高度も充分に高いので、流星の衝突でもないかぎり、半永久的に活動を続けられるはずだ。

機器やソフトウェアだけでなく寿命も「設計」されている

一般的に人工衛星の寿命は、ミッション系からの要求によって決められる。もちろんバス系の都合も無視できないので考慮はするが、ミッション期間を定めて、それに合わせて機器を準備するという側面が大きい。

地球観測衛星であれば、最低限、何年は観測したいという希望があるし、探査機であれば、さらに対象天体まで行き、場合によっては帰ってくるまでの期間が加算される。

商用衛星であれば、コスト的に、何年くらいは使い続けたいという要求もあるだろう。

そうした期間に、どのくらい燃料が必要かを計算し、バッテリーや太陽電池セルも、要求寿命を達成するために、寿命期間中の劣化量をあらかじめ見込んで、運用初期に満たすべき発電量、蓄電容量を用意しておけばいい。

寿命はあらかじめ決められているので、これを「設計寿命」と呼ぶ。

設計寿命は人工衛星の種類によってもさまざまだが、商用の静止通信衛星では15年の寿命が要求される。

どんな「危機回避」の対策が人工衛星にあるのか

人工衛星は万が一、故障しても、修理に行くことは不可能だ。そのために、「いかにして危機を未然に防ぐか」が考えられ、さまざまな対策が施されている。それは、どういったものか？

万が一、トラブルが起きても「冗長系」がフォローする

打ち上げた人工衛星は、当然のことながら、なるべく長く使い続けたい。人工衛星は、その製造や打上げに、何十億円、何百億円といった費用がかかっているからだ。

自動車なら故障しても修理することができる。でも、人工衛星は、直しに行くことも、回収して直すこともできない。そのため、信頼性設計が非常に重要となってくる。

信頼性設計とは、わかりやすくいえば、「所定の期間、働き続けるように設計する」ということだ。

そのなかで重要な考え方のひとつに「冗長化設計」がある。

これは、「故障は必ず起きるもの」と考え、同じものを余分に用意しておき、もし装置が故障しても、すぐに正常なものに切り替えることができるようにするというもの、つまり予備をもつということだ。

冗長系があったからこそ「はやぶさ」が帰還できた

人工衛星では、スラスタ、リアクションホイール、計算機、太陽電池など、さまざまな箇所に、この冗長化設計が使われている。小惑星探査機「はやぶさ」のイオンエンジンは有名な例だろう。

「はやぶさ」には4基のイオンエンジンが搭載されていたが、電源は3台のみであった。ミッション遂行上は3台を同時に運転する必要があり、できれば電源も4台搭載したかったのであろうが、軽量化要求や、新規性のリスク等を考慮したギリギリの信頼性設計を行ない、3台の電

◉信頼性設計の「冗長化」と「軽量化」の工夫◉

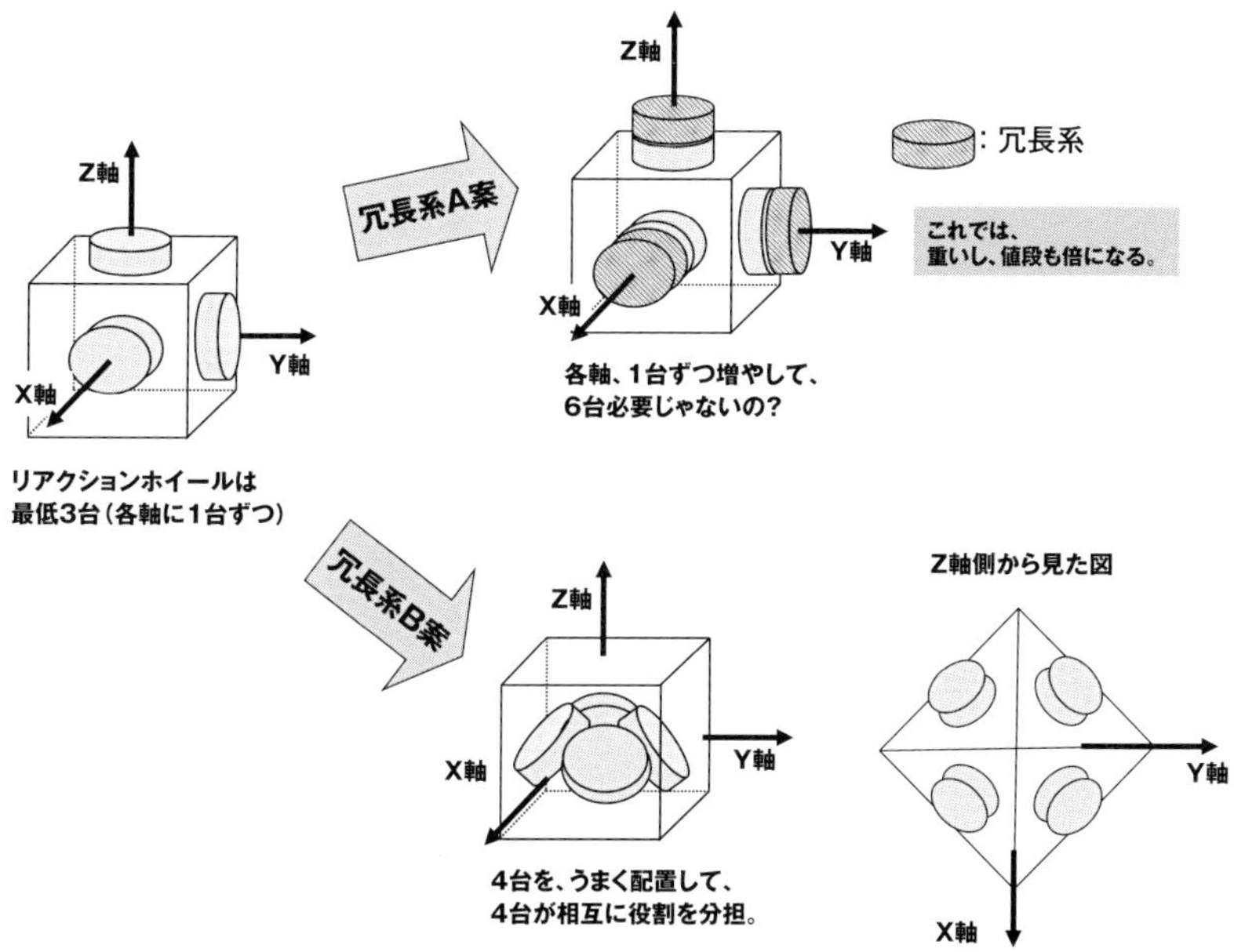
Z軸
X軸
Y軸
リアクションホイールは
最低3台(各軸に1台ずつ)
冗長系A案
Z軸
X軸
Y軸
各軸、1台ずつ増やして、
6台必要じゃないの?
: 冗長系
これでは、
重いし、値段も倍になる。
冗長系B案
Z軸
X軸
Y軸
4台を、うまく配置して、
4台が相互に役割を分担。
Z軸側から見た図
Y軸
X軸

リアクションホイールは、最低3台必要だが、X, Y, Zの3軸、それぞれに予備を置くと重くなる。
そのため、冗長化しても4台で済む方法が考案された

源と4基のエンジンを組み合わせることで、さまざまな故障モードに対応できるように設計されていた。

こうした工夫がなければ、帰還は難しかったかもしれない。

しかし、何でもかんでも冗長化すればいいというものではない。冗長系として、同じ装置を搭載すれば、それだけ重くなる。人工衛星にとって軽量化は大きな課題で、なるべくなら冗長化したくはない。

この相反する2つの要求のバランスをうまくとることが重要で、質量制限で冗長化が難しいときは信頼性をなるべく高めたうえで、単系(予備をもたない)にすることもある。

同じ装置でなくても、もし、ほかに同様な機能を発揮できる装置があれば、それを冗長機能として用いることで、軽量化を図ることもある。

これも「はやぶさ」の例だが、通

常は、冗長化のために4台搭載するリアクションホイールを、3台しか搭載しなかった。これは、リアクションホイールが壊れても、姿勢制御用スラスタがあるので、姿勢制御は可能だという判断があったためだ。

人命に関わる場合は、3重以上の多重化も施して万全が期される

有人システムである国際宇宙ステーションやスペースシャトルの場合は、より高い信頼性・安全性が求められる。そのため、重要な機器に関しては、冗長化も3重以上となっていて、もし故障が2つ同時に起きても、安全性に問題がないようにしているのだ。これを「2故障許容」と呼ぶ。

有人システムの場合は、宇宙飛行士の安全性の確保が第一になる。多重冗長化だけではなく、無重力空間での作業の安全性を確保するために、さまざまな安全要求がある。

たとえば、宇宙飛行士が使用する工具やロボット操作用のコントローラーはもちろん、装置の角や、突起部分は丸みをつけて、ひっかからないようにしたり、文字盤の文字の大きさや表示の色などにも、誤操作を誘発しないよう、規定が定められている。

◉人工衛星の計算機は「多数決」で結果を決めている◉

コンピュータは絶対に間違えない――そんな常識が宇宙では通用しない。

普通、電卓でもパソコンでも、同じ計算を何度やっても答えは変わらない。ところが宇宙では放射線によってメモリーのビット反転が起こってしまい、間違った計算結果を返す可能性がある。

では、そういう場合のために、どんな対策を立てればいいだろうか。

この対策として、高い信頼性、自律性が要求される人工衛星では、複数の計算機を搭載して同じ処理を実行させ、その多数決によって正しい結果を求めるようにしている場合が多い。

たとえば、陸域観測技術衛星「だいち」、月周回衛星「かぐや」などでは3台の計算機を搭載。放射線によるビット反転現象（これを「シングルイベント」と呼ぶ）がまったく同じタイミングで起きる可能性は極めて小さいので、もし1台が間違った計算結果を返しても、残りの2台は正しい結果を出す。多数決によって正しい答えを求めるというわけだ。

COLUMN

「信頼度」を高めるにはどうしたらいいか

▶▶故障率を下げるためには部品、材料、製作する人を厳選

信頼性設計を評価する指標に「信頼度」という言葉がある。

「この製品の設計寿命は2年で、信頼度は0.95である」というと、「2年間、問題なく使い続けられる確率が95%である」というような意味と考えて差し支えない。だが言い換えれば、「5%の確率で故障する」ということでもある。

この信頼度を上げる方法には大きく分けて2つある。

1つは、使う部品や材料、人の技量等を徹底して良くする方法である。部品1つでも壊れやすいものを入れ込むと、製品の故障率は、その部品の故障率に引っ張られてしまう。

部品の故障は、大きく分けて「初期故障」「磨耗(寿命)故障」「偶発故障」という3つに分類できる。

初期故障は、製造不備(バラツキ)によるもので、使い始めの早い時期に出るので、部品の試験段階で所定の時間、動作させ、問題がないことを確認してから使うかどうかを判断すれば排除できる。

磨耗故障は、予め使用時間(寿命)を定めておけばよい。

通常は、予定した使用時間の数倍の時間の耐久試験を行なう。

問題は「偶発故障」である。

いつ起こるかわからない。いくら良いものを作り上げても、偶発故障の可能性は残ってしまう。

▶▶もうひとつの信頼性を高める方法が「冗長化」

そこで2つ目の方法としての「冗長化」が力を発揮する。

たとえば、お客様に提案している製品の故障率が10%だったとしよう。だが、お客様から95%以上の信頼度を求められた場合、どうするか。

すでに、徹底して良い部品、材料、技術者を使っている。これ以上、単体の故障率を下げるのは難しく、倍以上のコストがかかってしまう。

でも、予備を準備しておいて、1台故障したら予備を使ってもらうようにすれば、どうだろう。

1台の故障率が10%（=0.1）のとき、2台とも故障する確率は、「0.1×0.1」すなわち、0.01（=1%）となる。つまり、予備があれば全体としての信頼度は99%に上がることになる。

信頼度95%の新製品を開発する値段より、既存品を2台買う値段のほうが安くて、信頼度も99%に上がるのだから、お客様も喜ぶはずだろう。

人工衛星の場合は「軽量化要求」というハードルもあるので、安易に冗長化方式を選ぶことはできないが、きわめて有効で強力な信頼度向上の手法である。

トラブルが発生したら人工衛星自身で判断できるの？

科学技術の粋を結集した人工衛星ともなれば、何かトラブルが起きても人工衛星自体が、その問題を解決できそうに思える。だが、実際はどうなのだろう。地上からの指令が必要になるのだろうか。

人工衛星はロボットそのもの ほとんどの作業は自分で行なう

人工衛星は、基本的に地上からのコマンド（指令）を受けて動いている。だが、コマンドを受け取らなければ動くことができないのだろうか？

答えはノー。自動自律化されていて、近未来のロボットそのものだ。

静止衛星は、常時、地上から見えているが、低い軌道を使っている人工衛星の場合、日本にある追跡管制局から見えるのは、1日のうち数回、各10分程度であるので、人工衛星に問題が発生しても地上からその時間内で処理することは難しい。

「はやぶさ」のように遠方を探査する人工衛星の場合は、コマンドを出して返事が戻ってくるまでに数十分かかるのでなおさらだ。

そのため、人工衛星には、みずから判断して行動する「自律性」が備わっている。

トラブルに見舞われた人工衛星は「生き残る」ことを最優先にする

ロケットから切り離された後、人工衛星は太陽を見つけ、太陽電池パドルを開き、自分自身がどの方向を向いて、どのあたりにいるのかを判断し、姿勢を安定させる。

こうした一連の作業はすべて自動化されている。その後の定常運用も、定期的に実施する作業や、予め決められた条件に従って行なう作業は、ほとんど自動化されている。

何らかのトラブルが発生したときも、まず人工衛星自身が対処してから、地上に連絡し、次のコマンドを待つようになっている。

　人工衛星にはトラブルへの対策として冗長系が備わっている。通常使われている「主系」に異常が発生したとき、「冗長系」に切り替えるが、これも基本的には人工衛星自身が判断して行なっている。

　それでも事態が収まらないような、深刻な状態の場合、運用モードを通常時のモードから非常時のモードに切り替える。

　このモードは、「軽負荷モード（以下ＬＬＭ）」とか、「セーフホールドモード（以下ＳＨＭ）」と呼ばれる。どちらも「消費電力を最少にして生き残るための状態に入る」というモードだ。

　たとえば、小惑星探査機「はやぶさ」や金星探査機「あかつき」は三軸制御方式の探査機であるが、ＳＨＭのときだけはスピン安定になり、回転軸を太陽に向け、最低限必要な機器以外の機器（たとえば観測機器など）の電源は切って、消費電力を最小限に抑える。

　ミッションを中断してでも、とにかく「生き残る」ことを最優先にするのが、ＬＬＭやＳＨＭだ。

金星探査機「あかつき」の〝命〟を救ったＳＨＭ

金星探査機「あかつき」は、２０１０年12月7日に金星に接近した際、軌道制御用エンジンを逆噴射して、計画どおり金星周回軌道への投入を試みた。しかし、交信が再開するはずの時間になっても、電波は届かない。予定より1時間以上経過してから受信したデータにより、噴射の１５２秒後から急に姿勢が乱れ、制御できないために噴射を中断してＳＨＭに入っていたことがわかった。

「あかつき」は現在、金星と同じような軌道で太陽を周回中である。

　ふたたび、金星に最接近するときに、周回軌道に入れることを目指している。

　また、「はやぶさ」が、イトカワに着地した後、異常になった際も、ＳＨＭに移行し、通信が一時途絶えたものの、その後、復活して、カプセルを無事地球に帰還させた話は、人々に多くの感動を与えた。

　しかし、必ず復活できるわけではない。ＳＨＭやＬＬＭに入るのは、何らかの異常があるからだ。

　序章で紹介した「だいち」も、電力低下を検知し、みずからＬＬＭに移行して、地上からの指令を待とうとしたが、ＬＬＭでも、電力低下はおさまらず、機能停止に至った。

　ＳＨＭやＬＬＭに入るということは、極めて危険な状態なのである。

COLUMN

自動車が給油するように人工衛星も燃料補給できる時代がくる?

▶▶燃料が尽きたら、人工衛星は引退なのか

「冗長化」という方法は、人工衛星の信頼性向上に有効な手段であるが、万が一のトラブル対策である。

万が一の故障はそれでよいが、燃料がなくなったら、どうしようもない。

もちろん、軽量化設計を行ない、ロケットの能力が許す範囲で、できるだけ多くの燃料を搭載していくが、使う以上、なくなることは避けられない。

ミッション機器もバス機器も、充分機能しているのに、燃料がなくなったため、引退させなければならないのだ。

１機あたり数十億円とか百数十億円という値段の人工衛星だから、機器が機能している間は、最後まで使い尽くしたい、というのが人情だが、燃料がないのでは、どうしようもない。「燃料補給」はできないのだろうか?

▶▶宇宙空間での燃料を補給する実験も行なわれている

じつは、我が国でも、すでに、そうしたサービスを行なう人工衛星の軌道上技術試験を行なっている。1997年11月28日に打ち上げられた技術試験衛星Ⅶ型（きく7号）がそれだ。

1990年代後半、衛星携帯電話サービス用の人工衛星システム「イリジウム」に似た人工衛星を使ったネットワーク構想が世界中でいろいろと検討されていた。結局、軌道上サービスに至ったのはイリジウムだけだが、すべての構想が実現すれば、軌道上に数百機の衛星群が出現すると予想された。そうした背景もあって、我が国でも、ＪＡＸＡが中心になって「軌道上作業機」という人工衛星の構想を検討し、その技術実証として「きく7号」を打ち上げた。

この試験衛星は、無人自律ランデブードッキング技術と、宇宙用ロボットによる軌道上精密作業技術の実証を行なった。そのロボット実験のひとつに軌道上燃料補給を想定した実験も行なわれている。その後、ランデブードッキング技術はＨＴＶに、ロボット技術はＪＥＭＲＭＳに引き継がれている。

この「きく7号」のロボット実験は、世界初の軌道上ロボットサービス技術に関する先駆的成果として、打上げから14年後の2011年に、ＡＩＡＡという世界的に権威のある学会から表彰された。じつは、この日、「はやぶさ」プロジェクトも表彰されており、アベック受賞となっている。

我が国の宇宙開発技術が世界をリードしている事例のひとつでもある。

なお、軌道上での「燃料補給サービス」を事業化しようという企業もある。カナダのＭＤＡ社で、静止軌道上の通信衛星を対象にビジネス化を目指している。

6章

人工衛星は
どこまで進化するのか

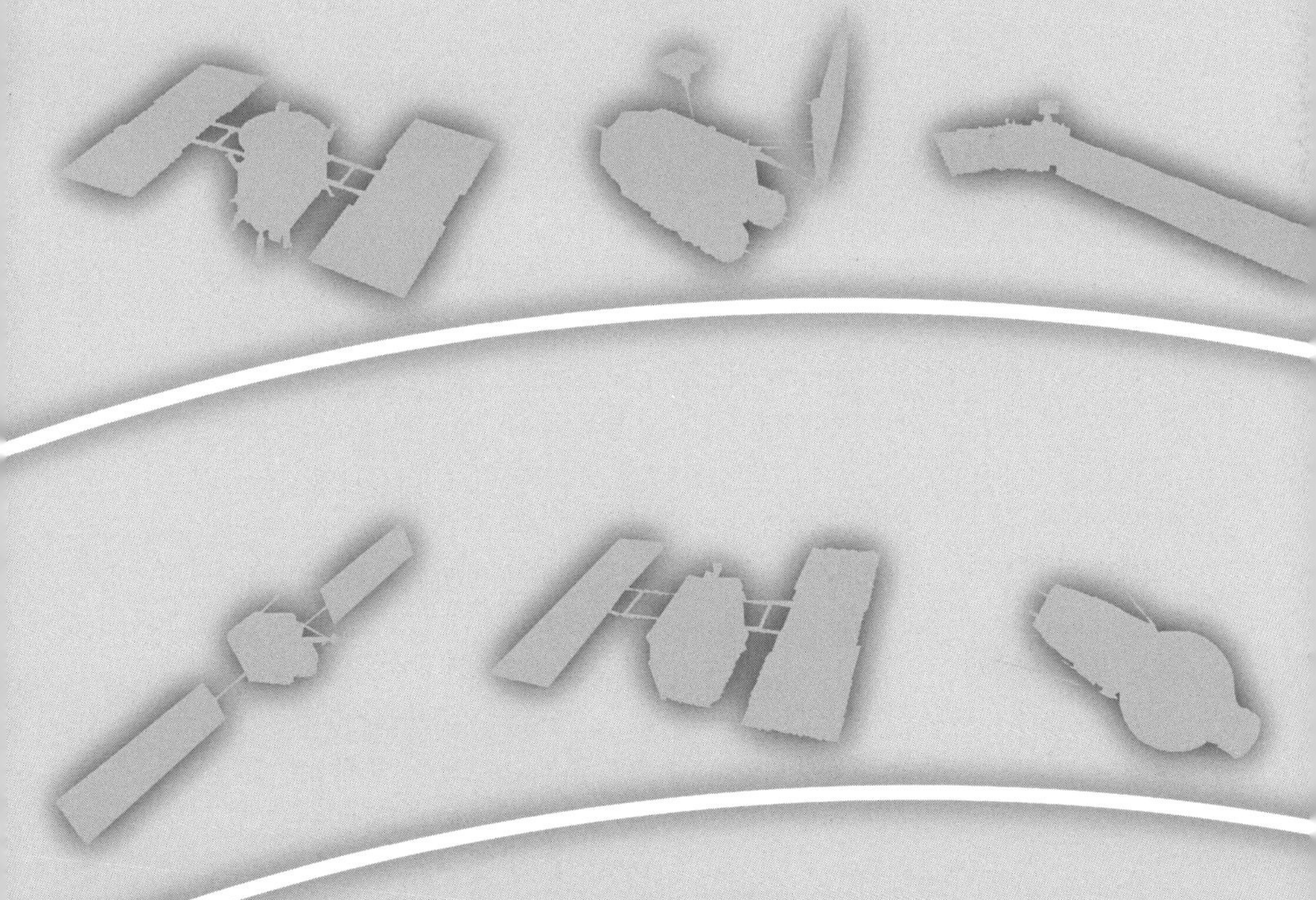

日進月歩の科学技術。人工衛星の未来の〝かたち〟とは？

世界初の人工衛星「スプートニク1号」をソ連（当時）が打ち上げたのは1957年のことです。直径58㎝のボールに長いアンテナが付いただけの人工衛星で、重さは83・6㎏しかありませんでした。

その後、ロケットの打上げ能力も向上し、人工衛星の大型化が進展。スプートニクから半世紀以上が経過した現在、人類は軌道上に国際宇宙ステーション（ＩＳＳ）という、巨大な人工衛星を運用するに至っています。

もちろんサイズが大きくなっただけではなくて、通信技術や観測技術なども飛躍的な進歩を遂げました。

では、これからの人工衛星は、どのように進歩するのでしょうか。

科学の分野では、日本はこれまでに、地球の〝隣人〟である火星と金星に探査機を送り込みました。

小惑星への探査では、世界をリードする成果を上げました。

「イカロス」では、世界初の「ソーラー電力セイル」の実証に成功し、原子力を使わずに木星や木星軌道に存在するトロヤ群小惑星の探査を行なうプロジェクトの実現を目指しています。

また、地球温暖化の防止、安全で安心な社会の実現といった面でも、

人工衛星の活躍が期待されます。

東日本大震災等でも「だいち」や「きずな」が活躍しました。電気や水道、鉄道や道路と同じように、近未来の社会を支える社会インフラとして人工衛星が活躍するようになると期待されています。

その一方で、忘れてはならないのが、役目を終え、機能を停止した人工衛星が生み出す「デブリ（宇宙ゴミ）」の問題です。

デブリは高速で飛行しており、数㎝の破片でも大きな運動エネルギーをもっています。人工衛星に衝突すれば、ひとたまりもありません。現在もデブリは増え続けており、待ったなしの対策が求められています。

日本でもデブリ回収の研究が進められています。もし実現すれば、世界に貢献できるだけではありません。ビジネスになる可能性も秘めています。そういう意味でも「人工衛星の未来」には注目が集まっています。

科学技術にはリスクも付きものです。デブリの問題は、いまのままでは〝限られた宇宙空間〟を汚すばかりで、100年後、1000年後の子どもたちに笑われてしまいかねません。

地球の未来に役立つもの、より良いものを残す……それが、いまを生きる私たちの役目です。

水星探査機「MMO」に採用された最先端技術

2014年の打上げを目指して、進行中の日欧の共同プロジェクト「ベピコロンボ」では、「MMO」と「MPO」という2つの探査機が合体して水星に向かうという、きわめてユニークな技術が採用されている。MMOとは、どんな探査機なのか。

水星探査機は、230℃の高温からマイナス150度にまでさらされる

日本が開発している「MMO（水星磁気圏探査機）」は、水星の周りを取り巻く磁場の観測を行なう人工衛星である。

水星は、太陽系の最も内側を楕円軌道で周回する小さな惑星だ。太陽との距離は、遠いところは地球の約半分弱、近いところは、地球の約3分の1程だ。人工衛星が受ける熱量は、地球周回軌道にくらべて、およそ10倍となる。

日本にとって、水星探査機はこの「MMO」が初めて。灼熱の環境で人工衛星内部の温度をどう維持するかが大きな課題となる。

「MMO」はスピン衛星なので周囲が均一に熱せられる。それでも周囲の太陽電池の表面は230℃にもなると推定される。

地球周回衛星では最高でも百数十℃。しかも、投入される水星の周回軌道では各周回ごとに2時間ほど水星の陰に入り、このときは逆にマイナス150℃という極低温環境になる。「陰」から出ると、十数分で230℃に暖められる。

この急激な温度変化にも耐えられる設計が求められる。

高熱対策として「MMO」の太陽電池セルは側面パネルの上半分にしか貼られていない。それでも、水星軌道の周辺では太陽光が地球の10倍強いので、必要な電力は充分に賄うことができるからだ。

しかし、高効率の太陽電池セルを使っても、受けた太陽エネルギーの8割程度は熱になってしまい高温になるので「MMO」の本体は、太陽

電池が貼られていない側面パネルの下半分に搭載されている。

本体の周囲はほとんどがガラス製のOSR（熱制御ミラー）で覆われている。探査機表面の温度をできるかぎり下げるため、太陽光（熱）を反射すると同時に内部の熱も逃がせるOSRを全面に使っている。

また、太陽電池パネルの裏側にもOSRを貼り、放熱させて、太陽電池面の温度を積極的に下げるように工夫している。

こうした熱対策により、内部温度は通常の探査機とほとんど変わらない範囲に収まるはずだ。

これにより、すべての機器を高耐熱性にする必要はなく、たとえば、通信機器は「あかつき」と合同で深宇宙探査用に開発したものを搭載し、共通化による品質の向上と低コスト化も図っている。

通信の命綱であるアンテナは400℃もの高温にさらされる

唯一、高利得アンテナは、通信の高速化のため、地球に向ける必要があり回転していない。

探査機本体は回転しているので、高利得アンテナは逆回転させて地球を向き続けるようになっている。

そのため、常に同じ方角から太陽光を浴び続けることになり、表面温度は400℃にもなるであろうと推定されている。

そこでアンテナの材料にはチタン合金を採用し、400℃という高熱にも耐えられるようにした。

また、アンテナの形も高利得アンテナに適したお椀型ではなく、平面型にした。お椀型は、電波と一緒に熱も集めてしまい、とんでもない高温になるので適さないからだ。

「あかつき」でも平面アンテナが搭載されていたが、「MMO」では一部をセラミック製にして、一層の耐熱性向上を図っている。

熱対策、放射線対策と同時に強い紫外線への対策も

水星軌道では、紫外線も強く、その対策も必要になる。

通常、太陽電池セルには、放射線対策用のカバーガラスを樹脂で接着させるが、これが高温と強い紫外線で着色し発電効率を下げる。

「MMO」では、最も紫外線をカットするものを選び、さらに3倍の厚さにして、放射線にも、紫外線にも強くしてある。

ガラスが厚いと、放射線の被曝も軽減できる。紫外線、放射線による太陽電池の劣化を抑える設計というわけだ。

「宇宙ヨット・イカロス」の驚くべきテクノロジーとは?

H―ⅡAロケット17号機によって打ち上げられた小型ソーラー電力セイル実証機「イカロス(IKAROS)」は、日本が開発した〝宇宙ヨット〟である。宇宙ヨットとは何か、その技術によってどんなことが可能になるのか?

100年前のアイデアを世界で初めて実現

通常の人工衛星や探査機は、エンジンを使って加速する。

だが、「イカロス」の推進原理は、これとまったく異なる。エンジンの代わりに太陽光の圧力を使う。

14m×14mの大きな帆で太陽光圧を受けて、ヨットのように宇宙を航行する。これを「ソーラーセイル」と呼んでいる。

太陽光圧の力は非常に弱いため大きな帆を広げるのだが、これだけのサイズの帆でも、推力は、やっと1000分の1N(ニュートン)程度。地上で1円玉にかかる重力の10分の1程度でしかない。

しかし、燃料には限りがあるが、太陽光はいくらでも利用できる。たとえ小さな力でも毎日24時間使い続ければ、最後はエンジンよりも大きな加速を得られるようになる。

宇宙ヨットのアイデア自体は100年ほど前から存在した。だが、実際に成功したのは「イカロス」が世界で初めてである。

14m四方もある〝ヨットの帆〟だが、その重さは、わずか13kg

太陽光圧で得られる推力は帆の面積に比例する。大きな推力を得るためには、帆は大きくしたい。だが、探査機の重量が重くなると、得られる加速は小さくなってしまう。帆は大きくても軽いものが望ましい。

膜面の素材には、MLI(多層断熱材)に使われていて、実績も豊富なポリイミドにアルミを蒸着させたものを採用。このポリイミドを軽量化のため、さらに厚さ7・5マイクロメートルまで薄くした。14m×14mの大きさでも重さはたったの13kgしかない。

帆の展開方法には、これも軽量化のためヨットのようなマストは使わず、遠心力によって広げる方法を採用した。打上げ時、「イカロス」の膜面は円筒形の探査機本体に巻き付けられている。膜の四隅には、500gのおもりが取り付けられており、探査機本体をスピンさせることで徐々に展開。完全に開いた後も、遠心力によって展開を維持する。

イカロスの技術実証が成功。木星探査への期待がふくらむ

「イカロス」が実証した「ソーラー電力セイル」とは、推力を得るだけでなく、太陽光での発電も行なう技術だ。「イカロス」では新開発の薄膜太陽電池を搭載して性能を評価した。

その目的はソーラー電力セイルが宇宙で有効に機能するかどうか確認することだった。今回は、薄膜太陽電池で発電した電力は、探査機本体では使っていないが、将来的にはソーラー電力セイルを実用化させて、木星やさらに遠くに向かうことが計画されている。

将来の実用機では、帆のサイズは直径50mクラスが考えられている。

太陽から遠ざかると太陽光が急激に弱くなる（距離が2倍になると発電能力は4分の1になる）。

たとえば、地球の隣の惑星である火星に行くことを考えてみよう。火星と太陽の距離は、地球と太陽の距離の1・5倍程度なので、火星軌道周辺の太陽光エネルギーの単位面積あたりの強さは、地球周辺の45%程度は得られる。これなら、太陽電池でもミッションを遂行することは可能だ。

しかし、さらにもうひとつ隣の木星ならどうであろう。木星は、地球より5倍以上も、太陽から離れている。木星軌道周辺の太陽光エネルギーの強度は、地球周辺の4%以下になる。こうした理由で、これまで木星以遠に向かったほとんどの探査機は、原子力電池を搭載していた。

ただ、日本では、万が一、打上げに失敗した場合の安全性等もあり、原子力電池等、原子力エネルギーを人工衛星の推進系に応用する技術の研究は行なわれていない。

そのため、木星以遠への探査は、実現が困難なミッションであったが、ソーラー電力セイルなら、木星軌道周辺でも充分な電力が得られると期待されている。

地上と人工衛星との交信が「光通信」になる時代がくる？

人工衛星の通信には主に電波が使われている。しかし、地上のインターネット接続がADSL等のメタル回線から光ファイバー回線に変わりつつあるように、人工衛星でも光を使った通信方法が当たり前になるかもしれない。

光通信で交信すれば電波の数倍のデータが送信可能

人工衛星と地上、または人工衛星どうしの通信に、主に使われているのはSバンド、Xバンド、Kaバンドと呼ばれる周波数帯の無線通信だが、これらはいずれも、マイクロ波と呼ばれる電波である。

人工衛星の光通信では、このマイクロ波の代わりに、レーザー光を利用する。

光通信における最大のメリットは、一度に大量のデータを送れるようになって、通信速度が速くなることである。つまり、従来は、複数回に分割して送信していた画像データを一度に送ることができるようにもなるということだ。

マイクロ波の周波数は1G（ギガ＝10の9乗）から10GHz（ヘルツ）のオーダーであったが、レーザー光になると周波数はその1万倍の10T（テラ＝10の12乗）Hzクラスとなる。周波数が高くなるので、より多くの情報を乗せやすくなる。

たとえば、1つの波に1つのデータを乗せると考えれば、わかりやすい（次ページの図参照）。

ひと言でいえば、波の数（周波数）が1万倍になれば、1万倍の情報を送れるということだ。

電波の伝達速度は一定なので、周波数が低いと、何回かに分けてデータを送ることになる。

周波数が高いということは、データをすべて送るのに必要な時間も短くなる。つまり、データ伝送速度が速くなるということである。

Kaバンドの通信速度は、たとえばデータ中継技術衛星「こだま」の

◉周波数が上がれば情報量も増える◉

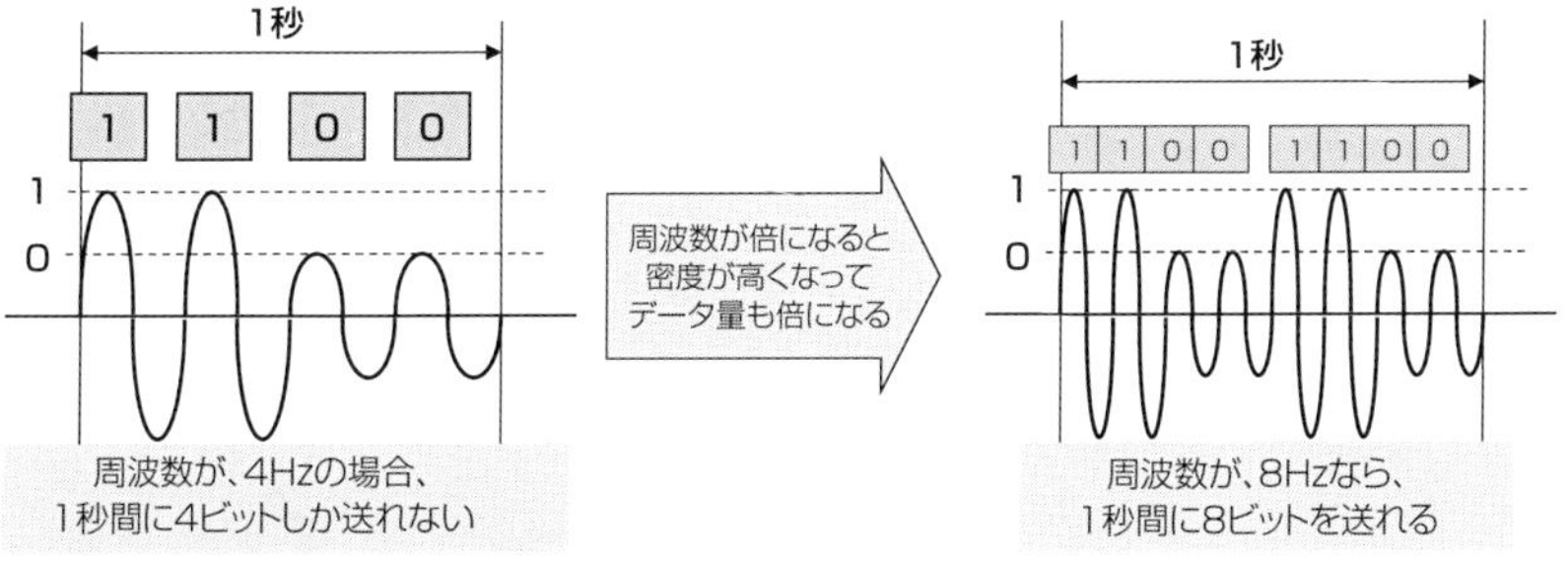
1秒
1 1 0 0
1
0
周波数が倍になると
密度が高くなって
データ量も倍になる
1秒
1 1 0 0 1 1 0 0
1
0
周波数が、4Hzの場合、
1秒間に4ビットしか送れない
周波数が、8Hzなら、
1秒間に8ビットを送れる

場合は240Mbps程度であったが、レーザー光になると1Gbps（＝1000Mbps）以上の高速通信が視野に入ってくる。

光学センサーの高分解能化が進み、地球観測衛星が扱うデータ量は大きくなりつつある。

人工衛星のデータレコーダを電車の駅のホーム、観測データを乗客にたとえてみよう。

最寄りの駅の周辺に大きな街ができて、電車の乗客が増えたのに、列車の本数が変わらなければ、乗客はホームにあふれる。

だが、1時間あたりの本数を2倍にすれば、2倍の輸送量になるし、1本あたりの車両も2倍にすれば、合わせて4倍の輸送量になる。「周波数を高くする」「通信速度を上げる」ということは、それと似たようなことである。

省電力で装置の小型化。送受信の精度が今後の課題

光通信にはそのほかにも、いろいろなメリットがある。

たとえば省電力であることだ。レーザー光はとても細く（1㎞進んでも数㎜にしか広がらない。100㎞でも数十㎝である）、無駄に拡散するエネルギーがないので効率が良く、装置を小さくできる。「こだま」の衛星間通信用アンテナは直径3・6mもあったが、光通信なら口径10㎝の装置で充分だ。

また、電波のように周辺に拡散しないので傍受も困難であり、データの秘匿性が高くなる。くわえて、ほかの人工衛星との干渉も起こりにくいので、面倒な周波数の国際調整が不要になる。

これらはすべてメリットだが、ビ

ームがとても細いということは、反面、相手の通信装置（受光装置）にレーザーを当てるのが難しくなるというデメリットにもなる。

とくに難しくしているのが、人工衛星どうしの場合、送信側も受信側も高速で移動しているということ。

たとえば、静止軌道上のデータ中継衛星と、低い軌道を周回している人工衛星（低軌道衛星）との間で通信をする場合、それぞれ、秒速３㎞と７㎞程度で移動している。しかも、人工衛星間の距離がとても遠く、数万㎞も離れている。

これが何を意味しているかというと、ただでさえお互いが超高速で移動していて狙うのが難しいのに、相手を目がけて正確にレーザー光を出したとしても、それが届く頃には相手はもうその場所にいないということ。光速は秒速30万㎞ほどだが、それでも低軌道衛星から発したレーザー光が静止衛星に届いたころには、静止衛星はもう数百ｍも移動した後だ。相手がどのくらい移動するか先読みして、正確にそこを狙わないといけない。

基礎実験の段階は終了。実現に向けて進んでいる

このような技術的な難易度から、光通信の実現性が疑問視されていた時代もあったが、これまでに、主に日本と欧州によって、さまざまな組合せパターンによる軌道上実証が行なわれている。

静止軌道と地上局との間の光通信については、１９９４年に技術試験衛星「きく６号」が実証（世界初の人工衛星と地上との間の光通信実験）。また２００５年に打ち上げた光衛星間通信実験衛星「きらり」（軌道高度は６１０㎞）によって、同年には低軌道と静止軌道との間（通信相手は欧州の人工衛星「アルテミス」）の光通信実験に成功し、２００６年には低軌道と地上局との間の光通信実験にも成功した。

地上との通信になると、雲があると使えないという問題はあるものの、地上局を複数箇所に設置し、晴れたところを選んで使うことで、ある程度、問題を回避することができると考えられている。

光通信はすでに基礎実験の段階は終了したということができ、今後は通信速度の向上や装置の小型軽量化が期待される。「きらり」の光通信機器「ＬＵＣＥ」は口径26㎝で50Ｍｂｐｓであったが、情報通信研究機構が研究した最新型の「ＮｅＬＳ」は口径10㎝で２・４Ｇｂｐｓという高速な光通信を実現する予定だ。

COLUMN

絶妙なネーミング？ 光通信実験衛星の名は「きらり」

▶▶人工衛星にとって通信は命綱。「高速通信」は可能なのか？――

「キラリ」と光る人工衛星がある。

2005年の8月24日に、カザフスタン共和国のバイコヌール宇宙基地から「ドニエプル」というロケットによって打ち上げられた「光衛星間通信実験衛星（ＯＩＣＥＴＳ)」がそれだ。

愛称が「きらり」。光通信実験衛星にふさわしい名前である。

重さは、約570kg。打上げ時のサイズは、0.8×1.1×1.5mの箱形で、規模としては小型衛星クラスである。

「きらり」は、軌道高度約610km、軌道傾斜角約98度の極軌道を周回する三軸制御方式の人工衛星であった。

この「きらり」に搭載されていたのが「ＬＵＣＥ（ルーチェ)」と呼ばれる光通信機器である。これは、レーザー光を使って通信を行なうもので、光を送信したり受信したりするアンテナに相当する機能も有しており、光通信を実現する鍵となる、高精度な指向追尾のための2軸ジンバル機構も備えていた。

「きらり」は、ＥＳＡ（欧州宇宙機関）の先端型データ中継技術衛星「ＡＲＴＥＭＩＳ」(静止衛星)との間で、世界初となる人工衛星間の双方向光通信実験を行なった。

人工衛星間の距離は、なんと4万５００km。光でも、往復で0.3秒程度はかかってしまうので、その間に静止衛星なら、900m、「きらり」自身も、2km程度移動してしまう。その移動速度も計算に入れて高精度にＬＵＣＥを追尾駆動させる制御を行なわなければならない。

ほかにも、地上局との光通信実験なども行なったほか、当初予定のミッション期間（1年間）を大幅に超えて、約4年もの間、さまざまな人工衛星による光通信実験を行ない、次世代の人工衛星のデータ伝送技術の革新のための貴重なデータを取得した。

「きらり」は、これらの成果をあげ、2009年9月24日に運用を終了し、停波された。

▶▶高解像度の画像を光通信で伝送できれば利便性は向上する――

近年、地球観測衛星の利用ニーズが増大するとともに、精度要求も高まり、カメラの高精度化（データ量増加）が進み、データ伝送量の大幅な向上に期待が寄せられている。せっかく撮影した高解像度の画像も、伝送に長い時間をかけていたので意味がない。

地球観測衛星と、データ中継衛星に光通信機能を備えて、「地球観測衛星―データ中継衛星―地上局」という経路で高解像度の画像データを伝送できるようにすれば、衛星画像利用の利便性も向上し、利用形態も拡大することだろう。

すべてのミッションを完了したら人工衛星は、どうなるのか

人工衛星もいつかは寿命を迎えるときがくる。じつは寿命が近くなった人工衛星には「最後に1つ、重要な仕事」が残されている。それは何か？ なぜ重要なのか。

役目を終えた人工衛星は後輩のために道を譲る

自動車が交通ルールを守って走っているように、人工衛星にも守るべき「決まりごと（国際ルール）」がある。

「しなければならないこと」から「やったほうがいいこと」まで、さまざまなものがある。

だが、いずれにしても、他国や他の人工衛星のことを考えなければいけないことに変わりはない。

宇宙にも、公共リソース（資源）と考えるべきものがある。

ミッションを完了し、寿命を迎えた人工衛星は、後任となる人工衛星のために、それらを返上する必要がある。

そのひとつが「軌道」である。

とても利用価値の高い高度3万6000㎞の静止軌道

高度3万6000㎞の静止軌道は利用価値が非常に高い。

多くの通信衛星や放送衛星、気象衛星が利用している。

静止軌道は1周が26万㎞以上もあり、多くの人工衛星があっても空間が埋まることはないだろうと思うかもしれないが、そもそも静止衛星というのは同じ位置に静止しているからこそ意味がある。つまり、「静止位置」そのものに価値がある。後継機がほかの位置に静止したのでは、地上のアンテナのほうが向きを変えなくてはならなくなる。

放送衛星も通信衛星も、決められた位置から電波を発信する必要があるため、古くなった人工衛星は、跡継ぎにその「静止位置」を譲らなく

てはならない。

さらに軌道上の安全性、つまり衝突防止ということを考え、役目を終えた人工衛星は、残った燃料を使って軌道を変更するのが望ましい。

静止軌道上には、現在、約1000機弱の静止衛星がいる。平均すると、幅260km（東京から浜名湖までの距離）の中に1機の人工衛星が浮かんでいる状態だ。

また、通常の静止衛星は、静止位置プラスマイナス0・1度くらいの範囲に軌道制御されている。

静止衛星が機能停止した場合、その直後は、静止軌道上にいるが、軌道の維持制御をしないので、だんだんと離心率と軌道傾斜角が大きくなってくる。つまり、所定の幅を越えてふらつくようになり、かつ静止位置からズレて、他の人工衛星の維持範囲内をかすめるようになり、衝突の危険性が増してくる。

そのため、静止衛星は燃料が尽きる前に、高度を数百kmほど上げて、軌道を明け渡す。

静止軌道の外側はあまり利用することがなく、その高度に廃棄しても危険性は低いし、このくらいの高度だと地球に落ちることもなく、軌道上を漂い続ける。

一方、高度800km程度以下の低軌道衛星の場合は、大気抵抗によって高度を下げ、いずれは大気圏に突入して燃え尽きる。

しかし長期間、軌道上で放置されると、ほかの人工衛星と衝突して大量のデブリをばらまくおそれがあるため、人工衛星によっては残った燃料を噴射して、近地点の高度を300〜350kmまで下げる場合もある。

この程度まで下げると大気抵抗が大きくなり、比較的早く地球に落下させることができる。

宇宙空間においては「電波」も貴重なリソース

もうひとつの大切なリソースは「電波」だ。

人工衛星は地上局と電波で交信し、地上からのコマンドを受信したり、地上にテレメトリを送信したりする。ほかの人工衛星とまったく同じ周波数を使うと混信してしまうため、国際的な枠組みにより、使える周波数を1機ごとに管理している。

人工衛星は、ミッションが終了したら最後に「停波」と呼ばれる作業を行なう。これは、人工衛星の電源を落として、電波を出さないようにすることだ。

この停波コマンドを送ることで、人工衛星の「運用」は終了となる。

人工衛星に積まれているコンピュータは〝最新鋭〟？

最先端技術の結晶といったイメージの人工衛星には、やはり超高性能なコンピュータが搭載されているのだろうか。業務用のワークステーション並か？　あるいはスーパーコンピュータクラスなのか？

搭載しているコンピュータは数世代前の家庭用ゲーム機レベル

人工衛星には、データ処理用、姿勢軌道制御用、センサー用、ミッション制御用など、複数のコンピュータが搭載されている。

それぞれの機器で要求される性能が違うので、すべてに同じＣＰＵ（中央処理装置と呼ばれる部品）が使われているとは限らない。

ＣＰＵには、有名な「ムーアの法則」というものがある。

「トランジスタの数は1年半ごとに倍になる」という経験則で、このようなペースでパソコン向けのＣＰＵはどんどん高速・高性能化して、いま市販されているパソコンに搭載されているようなＣＰＵは、マルチコア、ＧＨｚクラスのクロック周波数が当たり前となっている。

しかし、人工衛星に搭載されているＣＰＵの性能は、パソコン向けとは大きく異なる。

陸域観測技術衛星「だいち」から搭載され始めた宇宙用64ビットＣＰＵのクロック周波数は25ＭＨｚ。これはパソコン向けＣＰＵの１００分の1程度でしかない。

「ＭＩＰＳ」と呼ばれるアーキテクチャがベースになっているＣＰＵであるが、性能としては１９９４年に発売されたソニーの家庭用ゲーム機「プレイステーション」（初代）に近い。

人工衛星のコンピュータで最も重要なのは「信頼性」

これほどまでに処理性能に違いがあるのは、宇宙用ＣＰＵでは何よりも、信頼性が重要だからだ。

地球大気によって守られている地上と違い、宇宙では強い放射線に直接さらされることになる。

とくに静止衛星や探査機は、バンアレン帯と呼ばれる地球磁気圏の外側に出るために、低軌道を周回する人工衛星にくらべ、放射線環境はさらに厳しくなる。

放射線は、電子回路にさまざまな問題を引き起こす。

CPU内部の回路に放射線があたると、そのエネルギーによってビットが反転（0→1や1→0）することがある。

こうなると、データの数値やプログラムの命令が変わったりしてCPUは間違った計算結果を返すことになる（ソフトエラー）。

場合によっては、過電流のせいで回路が壊れてしまうこともある（ハードエラー）。

こういった単発的な事象をまとめて「シングルイベント現象」と呼ぶ。

一方、放射線があたることによって、回路にそのダメージが蓄積され、性能が徐々に劣化していくことは「トータルドーズ効果」と呼ばれている。

地上用のCPUでは、これらの問題はほとんど考慮されていない。回路の集積度を上げるために、最新世代のCPUでは回路幅をどんどん細くしてきたが、そうすると放射線によるエラーや故障が起きやすくなってしまう。そのままでは、とても宇宙で使うことはできないのだ。

基本的には、放射線に耐えられる設計や製造手法が採用された宇宙用CPUが使われることが多い。

なぜなら、計算機の故障は、人工衛星にとっては生死がかかった大問題だからだ。

なるべくリスクは避けたいので、多少古くて処理性能が遅くても、宇宙で実績があり、信頼性の高いCPUを使いたい。性能が良くなったからといって、そう簡単に変更できるわけではないのだ。

いまでも、1980年代のパソコンで使用されていたCPUと同じような設計に基づいてつくられたCPUが使われているほどだ。

性能を大幅に向上させた次世代の小型計算機も開発中

とはいえ、製造が終了する場合もあり、いつまでも古いCPUを使い続けることもできない。当然、新しい宇宙用CPUの開発は必要だ。処理性能が向上すれば、人工衛星側でより高度で複雑な処理ができるようになるというメリットもある。

次の世代の宇宙用64ビットCPUとして、性能を大幅に向上させた「HR5000」をJAXAが開発している。

NECでは、このCPUを搭載した小型計算機を開発。小型衛星「ASNARO」にも採用されている。

従来は、人工衛星内で異なる計算機を搭載することが多かった。

なぜかといえば、通信、姿勢制御等々、それぞれに異なった機能・性能が求められ、そうした個別の要求に応じて最適な部品を選択していたためだ。

しかし、「ASNARO」では、計算機を小型計算機に標準化し、個別に必要となる機能は、国際標準化が進められている次世代の人工衛星用ネットワーク規格（「Space Wire」と呼ばれている）を経由し、外部モジュールとして追加する方式に変更した。

これにより、計算機を作り直す必要がなくなり、開発期間の短縮やコストの低減も可能となっている。

◉人工衛星に搭載されている計算機も進化◉

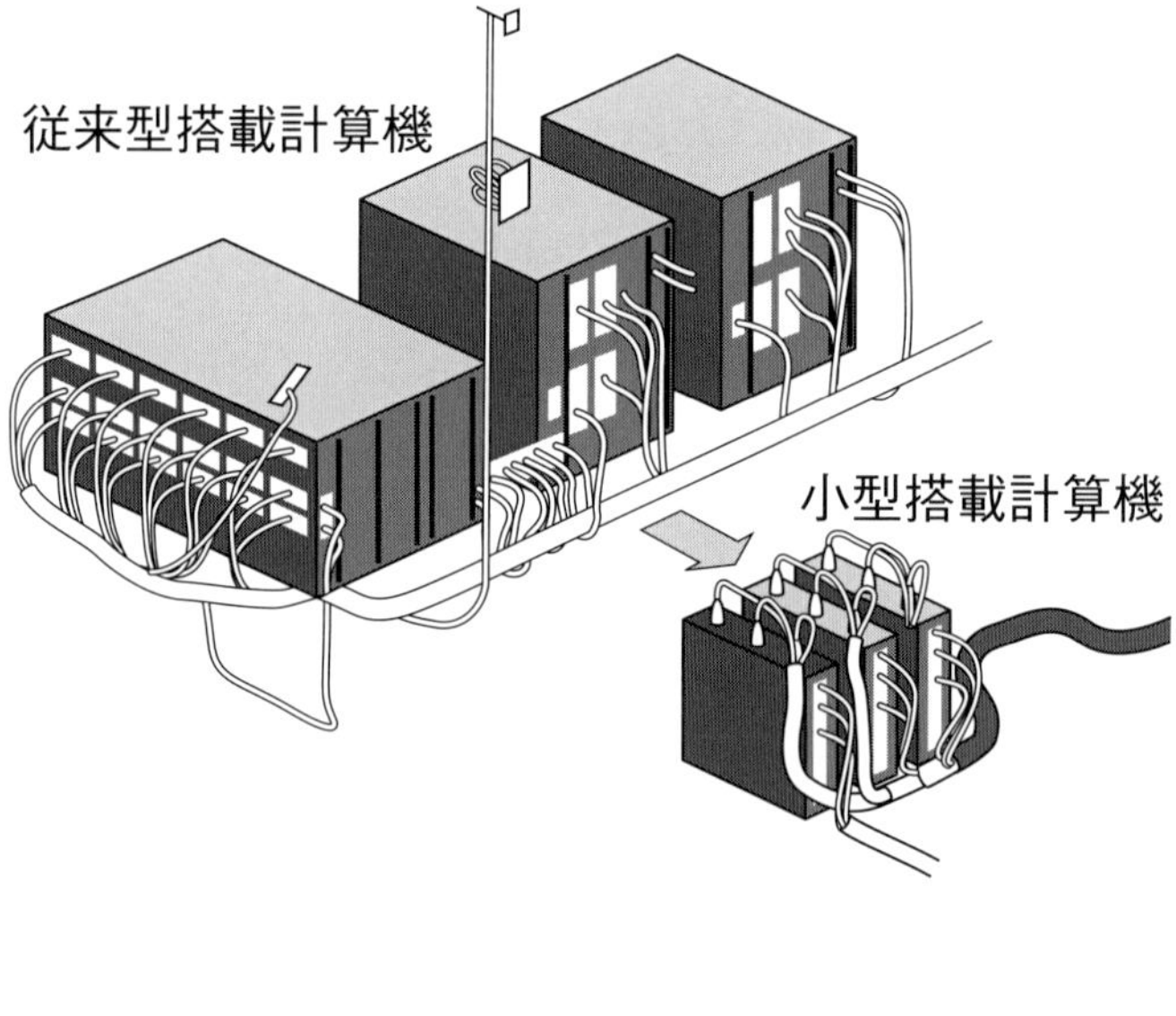

「Space Wire」を採用することで、従来は機能ごとに異なる計算機を開発していたが、共通の小型計算機を使って同等以上の機能を実現できるようになった

COLUMN

軽量化と作業時間の短縮化に貢献。「スペースワイヤ」という新技術

▶▶人工衛星の質量の2%はケーブルやコネクタが占める

ケーブルやコネクタを「計装」と呼ぶ。その計装の重さは人工衛星全体の重量の約2%を占めるといわれている。1トンの人工衛星なら約20kgにもなる。

月周回衛星「かぐや」の場合はこれがとくに多かった。

なぜか？

その理由は、観測機器が30台以上と多かったこともあるが、観測精度に影響する磁気ノイズの発生を抑えるために、ケーブルの配線を逆巻きにして磁気をキャンセルするなどの対策がとられていたためだ。

その結果、「計装」の質量は100kg強と、3トンの人工衛星にしてはずいぶんと重くなった。

なぜケーブルの数がこれほど多いのかというと、信号をやりとりする機器同士をすべて直接つないでいるからだ。

たとえば、A〜Eまで5つの機器があったとして、信号をA−B−C−D−Eと順番に送るだけならば、ケーブルは4本だけでいい。

しかし、実際にはもっと複雑になっており、A−C間が必要だったり、B−E間が必要だったりと、機器の数が増えれば増えるほど、ケーブルの数はそれ以上に増えることになる。

▶▶配線をシンプルにして、軽量化もはかれるスペースワイヤ

ところが、現在実用化が進みつつある「スペースワイヤ」という規格の配線を使えば、配線をLANのようにシンプルにできる。

LANに接続されたパソコンは、1台1台が直接プリンタにつながっているわけではないが、どのパソコンからでもデータを送って印刷できる。

これは、ハブやルーターを経由して、LANケーブルを共有できているからだ。

これに対して現在の人工衛星はすべてのパソコンが1台ずつ個別にプリンタにつながっているようなものだといえる。

しかし、スペースワイヤを使えば、このように配線をシンプルにできる。

前述の例でいえば、Fというルーターを用意して、A〜EをそれぞれFと接続すれば、すべての機器間で通信が行なえるが、ケーブルは5本で済む。当然、軽量化も図れる。これは小型衛星にとっては、重要なメリットである。

もっとも、これで削減できるのは信号用のケーブルだけで、電源用のケーブルはそのままになってしまうのだが、それでもケーブルの本数は2〜3割くらい少なくできると見積もられている。

同時にケーブルをつなぐための作業時間の短縮も期待される。

宇宙デブリから人工衛星はどうやって身を守るのか

「宇宙ゴミ」と呼ばれることもある「宇宙デブリ」は、無制御状態で無意味に軌道上を飛んでいる人工物のことだ。誰かが追跡・監視しているのだろうか? 人工衛星が隕石などの衝突で破損することはないのだろうか?

たった1㎝の宇宙デブリに自動車ほどの運動エネルギー

宇宙関連のニュースで、最近よく「宇宙デブリ」という言葉を見聞きする。これはフランス語の「debris」で、「破片、残骸」という意味だ。

その実体は、ロケットの上段、故障や燃料枯渇等で制御できなくなった人工衛星、それらから脱落した部品、あるいはそれらが衝突して粉々になった残骸など。その数でいえば人工衛星よりもデブリのほうが桁違いに多い。

地上のゴミと違って宇宙デブリが厄介なのは、秒速7～8㎞の超高速で飛行していることだ。

たとえば1㎝程度のデブリでも、もし衝突すれば人工衛星は大きなダメージを受ける。

宇宙は広大なため、衝突確率は極めて低いが、衝突すれば破片が散って、さらに多くのデブリとなる。

我が国の宇宙実験・観測フリーフライヤ（SFU）や、米国の長期曝露実験機（LDEF）は、1年以上の軌道上滞在実験の後、スペースシャトルで地上に帰還したが、それらの外側には、多数の微小デブリ衝突痕が確認されている。

2009年には、運用停止し無制御状態（デブリ化）だったロシア軍用通信衛星と米国の商用通信衛星とのあいだで、宇宙史上初めての人工衛星どうしの衝突事故が発生した。

デブリが互いに衝突し分裂すると加速度的に増えていくと考えられており（ケスラー・シンドローム）、その対策が今後の課題のひとつとなっている。

宇宙ステーションで施されている さまざまなデブリ対策

国際宇宙ステーション（ＩＳＳ）では、人命に関わるため、さまざまな対策が講じられている。

たとえば、大きさ10㎝以上のデブリについては事前に衝突する危険性があるとわかれば「軌道を変える」ことで、衝突を回避している。

1㎝以下の小さなデブリは衝突が予測できないため、前面にデブリバンパーと呼ばれる防護壁を設置して、本体をガードする。

デブリバンパーは厚さ1㎜程度のアルミ製で、デブリが衝突すると穴が開いてしまうが、デブリ自体も高熱で気化するため、本体側にはダメージが及ばないようになっている。

万が一、デブリバンパーを貫通して、与圧室の壁に穴を開けてしまった場合でも、大穴が開いて一瞬で空気が抜けたり、与圧室が破壊されたりはしないので、隣の部屋に退避してハッチを閉め、それから船外活動で外壁を修理すれば大丈夫だ。

デブリ以外に、マイクロメテオロイド（微小隕石）が衝突する危険性もあるが、確率はきわめて低いので、人工衛星ではとくに考慮されていない。ただし、マイクロメテオロイドが多くなる時期は安全性に配慮した運用を行なう。

ロマンチックな流れ星も 人工衛星にとっては危険な存在

獅子座流星群など、地上で多くの流星を観察できる時期がある。これは、彗星が撒き散らした大量の星屑の中を地球が通過するときに起こる。その星屑が大気圏に突入し、燃え尽きるときに、流星として見えるわけだ。

当然、地球の周りの人工衛星も、地球と一緒に、その星屑に突っ込んでいくことになる。そのため、マイクロメテオロイドの衝突確率も高くなる。その時期は予測できるので、打上げを延期したり、宇宙ステーション等での船外活動を延期するなどの安全策がとられる。

じつは、デブリに対する〝観察〟も行なっている。各国が監視体制を構築。光学望遠鏡やレーダーによって、デブリの発見・追跡に努めているのだ。日本には、岡山県内に「美《び》星《せい》スペースガードセンター」と「上《かみ》斎原《さいばら》スペースガードセンター」の2施設を構築、海外の監視体制と協力してデブリの監視や地球近傍小惑星の観測を行なっている。

こうした監視データに基づいて、衝突回避が行なわれているわけだ。

「デブリ」を回収するための人工衛星も実現可能？

続々と人工衛星が打ち上げられる一方で、昨今、問題となっているのが「デブリ」と呼ばれる宇宙ゴミだ。人工衛星の安全のために、デブリを回収することが検討されている。どうすれば回収できるのか？

放っておいても決して減らないデブリの回収が急務とされる理由

軌道上には無数のデブリが存在する。

NASAによれば、10㎝よりも大きなものは2万個以上確認されており、1～10㎝のものは50万個ほど、さらに1㎝以下になると数千万個以上もあると考えられるという。

デブリは放っておいても減るものではない。

周回高度が600㎞以下のデブリは大気抵抗により徐々に高度を下げ、数年内には大気圏に再突入して消滅する。

だが、高度が800㎞以上にもなると、落ちてくるまでに数十年から数百年といった長い年月がかかる。

しかも減少するデブリよりも、デブリどうしの衝突によって細かく砕けて新しいデブリとなる数のほうが多く、現状ではデブリは明らかに増加傾向にある。

衝突の確率は低いものの実際に衝突の被害が出つつあり、将来、もっとデブリが増えてきたら、事態はさらに深刻になる。

現在、国連において、デブリの増加を抑えるための「デブリ低減ガイドライン」というものが合意され、そのなかで、高度2000㎞以下の軌道に投入した人工衛星は運用終了後、25～50年以内に地球に落下するよう軌道変更する（軌道高度を下げる）ことが要求されている。

だが、今後の人工衛星の利用増加にともない、打上げ終了や運用終了後に軌道上に滞留するロケットの残骸や機能を停止した人工衛星の増加を考えると、抑制だけでは不充分で、より積極的、能動的に、軌道上のデブリを削減させる技術、つまり軌道上で制御できなくなった大型人工物を捕獲回収し、地上へ落下させるための技術の開発が必要になってくるであろう。

高速で飛び回るデブリ。その捕獲回収は可能なのか?

では、軌道上のデブリの捕獲回収は、現実に可能なのか?

軌道上には、さまざまな大きさのデブリがある。だが、ほとんどのデブリの大元は、役目を終えたロケット上段や人工衛星などである。

これらの大きなデブリが、お互いに衝突したり、余った燃料の爆発等で分解し、小さなデブリを生み出す。

軌道上の滞留時間が長ければ、衝突確率も高くなって、新たな微小デブリを大量に生み出す可能性も高く

◉デブリの成長過程（高度1000km以下⇒最密集地帯）◉

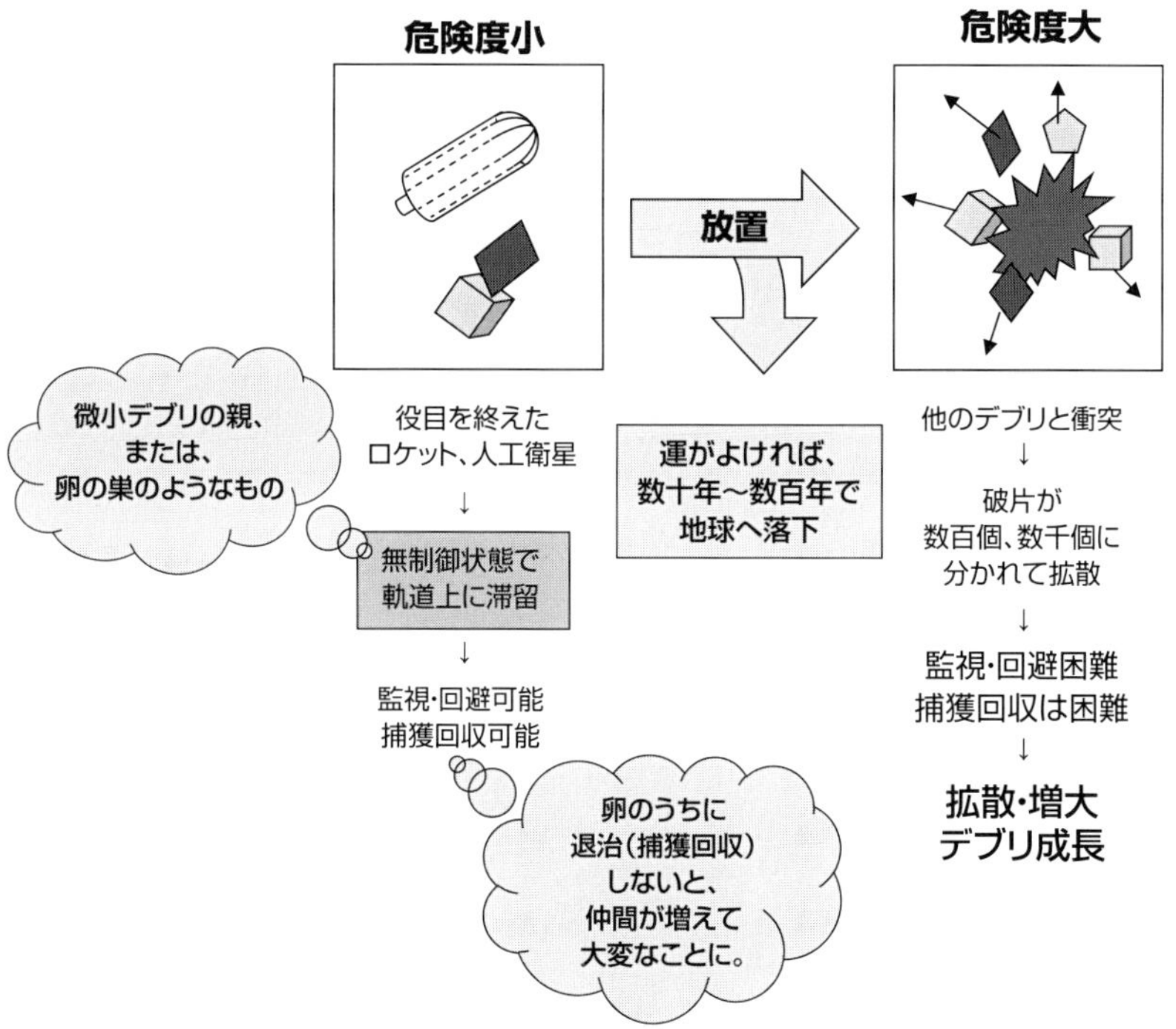
危険度小
危険度大
放置
微小デブリの親、
または、
卵の巣のようなもの
役目を終えた
ロケット、人工衛星
↓
無制御状態で
軌道上に滞留
↓
監視・回避可能
捕獲回収可能
運がよければ、
数十年～数百年で
地球へ落下
他のデブリと衝突
↓
破片が
数百個、数千個に
分かれて拡散
↓
監視・回避困難
捕獲回収は困難
↓
拡散・増大
デブリ成長
卵のうちに
退治（捕獲回収）
しないと、
仲間が増えて
大変なことに。

なる。

当たり前のことではあるが、分解する前に、捕獲回収して軌道高度を落とし、地球に戻してやるのが最良の方法である。

しかし、秒速7㎞の高速で飛行するものを、そんなに簡単に捕獲回収できるものなのか？

秒速7㎞とはいえ、軌道上では、ほかの人工衛星も、だいたい同じ速度で回っている。

同じ軌道高度の円軌道を回っているものであれば、相対速度はほとんどゼロである。

だが、デブリになってしまうと、軌道高度の維持ができないから、徐々に軌道高度が変化し、軌道速度も変わってくる。

そうなると、ほかのデブリとの間で衝突する可能性が出てくる。

所定の軌道高度にあるうちに捕まえて、何らかの手段で軌道を下げ、デブリを地球に落としてあげることができればいい。

じつは、我が国では、1998年に、低軌道での無人自律の人工衛星捕獲実験を行なっている。技術試験衛星「きく7号」がそれだ。

「きく7号」は、世界に先駆けて宇宙空間での宇宙用精密作業ロボットの遠隔操作実験と、無人自律ランデブードッキング技術の習得を目的とした技術試験衛星であった。

これら「きく7号」で実証した技術は、デブリの捕獲回収衛星に活かされるものと期待される。

今後の人工衛星には「デブリ」とならない対策が講じられる

先に紹介したように、これから打ち上げられる人工衛星は、国連の「デブリ低減ガイドライン」による対策がとられるので、ある程度は、デブリの発生を抑えることが可能であると考えられる。

だが、いまのような事態を考えられなかった時代に出たデブリがすでに多数あり、その対策が急務だ。

今後、打ち上げられる人工衛星等についても、軌道上で不具合等によって異常停止した場合は、自力での軌道降下はできない。

デブリの捕獲回収技術は必ず手に入れなければならない将来技術のひとつといえる。

また、デブリ回収についても、「デブリ低減ガイドライン」と同じように国連等を中心にした世界的な協力が必要である。

自力での軌道降下は、打ち上げる人工衛星が、みずから備える機能なのでわかりやすいが、捕獲回収となると、その費用を誰が負担するの

あっきれいな流れ星！
あっ！役目を終えた人工衛星が帰ってきたんだ

か？　といった問題が出てくる。

これについては、現在、明確な取決めはない。今後の国際社会の課題のひとつになるであろう。

＊　＊　＊

人類初の人工衛星スプートニク1号が打ち上げられて以来、半世紀余り。人工衛星保有国は、50か国以上になったが、使用済み人工衛星の処分に関する国際的な取り決めはまだない。

役目を終えた衛星も、故障した衛星も軌道上に放置されたままだ。

私たちには、美しい地球だけでなく、美しい軌道空間も、未来へ引き継ぐ責任がある。近い将来は、役目を終えた人工衛星は自力で地球に帰還し、故障した人工衛星はロボット衛星が救助に行く……そういう時代がくることを願っている。

▼メーカー関連（50音順）

- 株式会社 IHI（航空・宇宙）
  http://www.ihi.co.jp/ihi/products/aeroengine_space/
- 株式会社 IHI エアロスペース
  http://www.ihi.co.jp/ia/
- 株式会社 岩瀬運輸機工
  http://www.iwase-group.co.jp/
- NEC 宇宙ソリューション
  http://www.nec.co.jp/space/
- NEC 東芝スペースシステム
  http://www.ntspace.co.jp/
- NEC 航空宇宙システム
  http://www.nas.co.jp/
- NEC エンジニアリング
  http://www.nec-eng.co.jp/company/info.html
- 三菱重工業株式会社 宇宙開発
  http://www.mhi.co.jp/products/space_index.html
- 三菱電機 宇宙システム総合サイト
  http://www.mitsubishielectric.co.jp/society/space/

▼ニュースサイト等

- テレビ東京 宇宙ニュース
  http://www.tv-tokyo.co.jp/spacenews/
- Yahoo!ニュース 宇宙開発
  http://dailynews.yahoo.co.jp/fc/science/space_exploration/
- マイナビニュース サイエンス
  http://news.mynavi.jp/enterprise/science/

▼資料・文献

- 「日本の宇宙産業Vol.1「宇宙を開く、産業を拓く」JAXA編集（日経BPコンサルティング）
- 「日本の宇宙産業Vol.2「宇宙をつかう、くらしが変わる」JAXA編集（日経BPコンサルティング）
- 「図説 宇宙工学」JAXA 監修（日経印刷）
- 「小惑星探査機「はやぶさ」の超技術」川口淳一郎 監修（講談社）
- 「NEC技報 Vol.64 No.1（2011年3月）宇宙特集」
  http://www.nec.co.jp/techrep/ja/journal/g11/n01/g1101mo.html

●●●参考文献＆資料●●●

◆人工衛星に関する参考情報

▼官庁・研究機関関連

- 内閣官房 宇宙開発戦略本部
  http://www.kantei.go.jp/jp/singi/utyuu/
- 文部科学省 宇宙開発委員会
  http://www.mext.go.jp/b_menu/shingi/uchuu/
- 経済産業省 製造産業局航空機武器宇宙産業課宇宙産業室
  http://www.meti.go.jp/policy/mono_info_service/mono/space_industry/
- 国土交通省 気象庁
  http://www.jma.go.jp/jma/index.html
- 宇宙航空研究開発機構（JAXA）
  http://www.jaxa.jp/
- 無人宇宙実験システム研究開発機構（USEF）
  http://www.usef.or.jp/
- 社団法人 日本航空宇宙工業会（SJAC）
  http://www.sjac.or.jp/
- 財団法人 日本宇宙フォーラム
  http://www.jsforum.or.jp/
- NASA（米国航空宇宙局）
  http://www.nasa.gov/
- ESA（欧州宇宙機関）
  http://www.esa.int/

▼JAXA内コンテンツ

- 宇宙利用ミッション本部
  http://www.satnavi.jaxa.jp/
- 研究開発本部
  http://www.ard.jaxa.jp/
- 月・惑星探査プログラムグループ（JSPEC）
  http://www.jspec.jaxa.jp/
- 宇宙科学研究所（ISAS）
  http://www.isas.jaxa.jp/
- 打ち上げ予定
  http://www.jaxa.jp/projects/in_progress_j.html
- 人工衛星・探査機
  http://www.jaxa.jp/projects/sat/
- 機関誌『JAXA's』
  http://www.jaxa.jp/pr/jaxas/

■NEC「人工衛星」プロジェクトチーム
日本電気株式会社（本社　東京都港区）は、1899年に創業された我が国を代表する電機メーカーで、NEC（エヌ・イー・シー）の愛称で親しまれている。1977年に当時会長であった小林宏治が「C&C（コンピュータとコミュニケーションの略）」をスローガンに掲げ、情報通信とコンピュータの融合を牽引した。大型計算機のみならず、パソコンの製造・販売に、いち早く取り組み、その普及にも多大な貢献を果たすなど、社会の情報化へ向けた先駆的な役割を演じている。

宇宙開発への取組みも先駆的だ。1956年にペンシルロケット用テレメトリ送受信装置を東京大学生産技術研究所へ納入したのを皮切りに、日米間で行なった世界初のTV画像の衛星通信実験や、東京オリンピックの衛星中継にも参画し、その後の衛星通信の世界的普及にも貢献した。

人工衛星の開発では、我が国初の人工衛星「おおすみ」に始まり、日本中の話題をさらった「はやぶさ」や、東日本大震災時にも活躍した「だいち」「きずな」など、これまでに60機以上の実績がある。

「人工衛星」プロジェクトチームは、本書の製作を目的に、関係会社を含め、設計から製造、販売まで、あらゆる分野のエキスパートを結集。情報提供、原稿作成支援・レビューなどに、70人以上が携わった。

人工衛星の“なぜ”を科学する

2012年2月10日　初版発行
2013年2月 1 日　第2刷発行

■著　者　NEC「人工衛星」プロジェクトチーム
■発行者　川口　渉
■発行所　株式会社アーク出版
〒162-0843　東京都新宿区市谷田町2-7　東ビル
TEL.03-5261-4081
FAX.03-5206-1273
ホームページ　http://www.ark-gr.co.jp/shuppan/
■印刷・製本所　三美印刷株式会社

ISBN978-4-86059-110-6